ORION · START · ORBIT · HABITAT · WELTRAUMSTATION · ARTEMIS · MONDROVER · SATELLITEN · MONDLANDEFÄHRE ·

DAS XXL-ENTDECKER-SET

MISSION MOND

Hervorgehobene Wörter werden im Glossar auf den Seiten 62 und 63 erklärt.

Immer wenn du dieses Symbol siehst, gibt es ein 3D-Modell zum Zusammenbauen.

Immer wenn du dieses Symbol siehst, gibt es ein Experiment zum Ausprobieren.

Bibliografische Information der Deutschen Bibliothek.

Die Deutsche Bibliothek verzeichnet diese Publikation in der Deutschen Nationalbibliografie.
Detaillierte bibliografische Daten sind im Internet über http://www.dnb.de/ abrufbar.

Bei Fragen zur Produktsicherheit wenden Sie sich an

Edition Michael Fischer GmbH
Kistlerhofstr. 70
81379 München
kontakt@emf-verlag.de

EIN BUCH DER EDITION MICHAEL FISCHER

1. Auflage 2025

Aus dem Englischen übertragen von Worthographie, Julia Strohbach, Atzbach, Oberösterreich
Cover, Layout & Satz: Carolin Mayer
Produktmanagement und Lektorat: Melanie Haitzer

ISBN 978-3-7459-2680-4

Printed in China

www.emf-verlag.de

DAS XXL-ENTDECKER-SET

MISSION MOND

INHALT

ERSTE SCHRITTE

Bereite dich vor auf eine Tour zum **Mond**, wie du sie bestimmt noch nie erlebt hast! Baue fünf Modelle, um den Mond und das Artemis-Programm der NASA besser zu verstehen, und führe tolle Experimente durch, um Technik in Aktion zu erforschen. Mach dich bereit und beginne deine Reise in die faszinierende Welt der Mondwissenschaft!

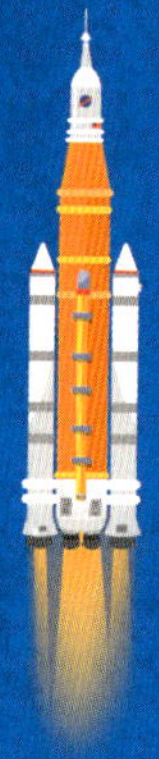

In der Box befinden sich alle Teile, die du für den Bau deiner Modelle brauchst. Suche für jedes Modell die benötigten Teile aus den Bögen zusammen, bevor du beginnst. Du kannst damit ein Modell einer SLS-Rakete, ein Orion-Raumschiff, ein Mondlandesystem, ein Mondbasislager und sogar einen Mondrover bauen!

Du brauchst außerdem:
Faden, Gummischnur, Stift, Papier, Alufolie, Schnur, Frischhaltefolie und Kleber.

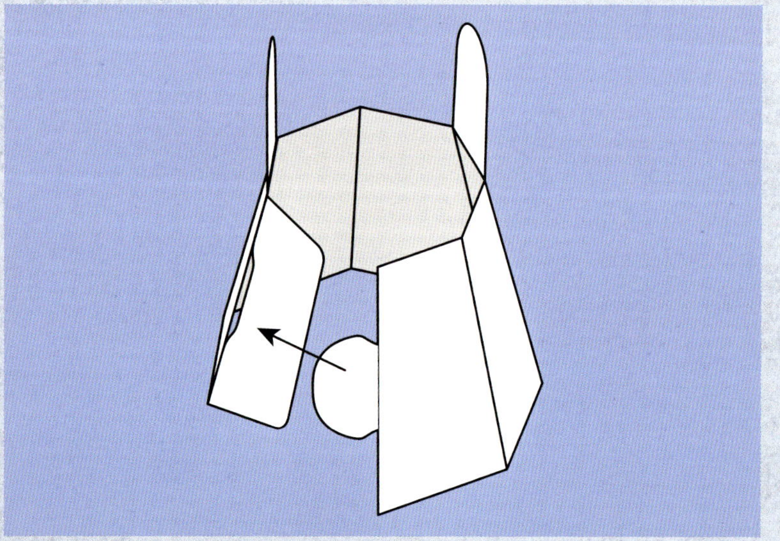

Zusammenstecken

Einige der Modelle brauchen keinen Kleber. Drücke die Kartonteile aus den Bögen heraus, falte sie an den markierten Stellen und stecke sie zusammen.

Kleben

Einige Modelle müssen geklebt oder mit Klebeband zusammengefügt werden. Folge den Anweisungen ganz genau.

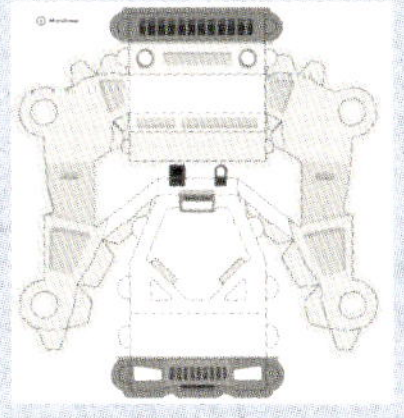
Modellbogen 1

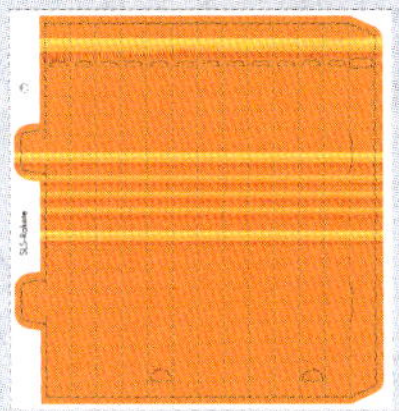
Modellbogen 5

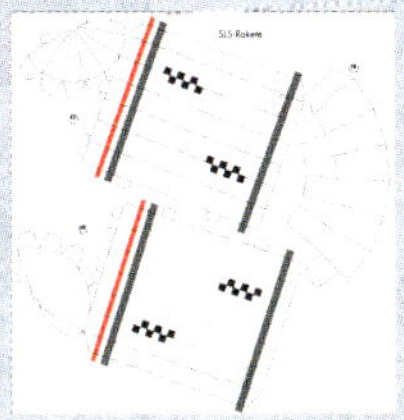
Modellbogen 9

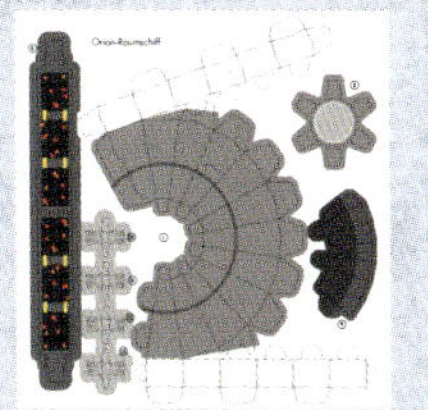
Modellbogen 13

Modellbogen 2

Modellbogen 6

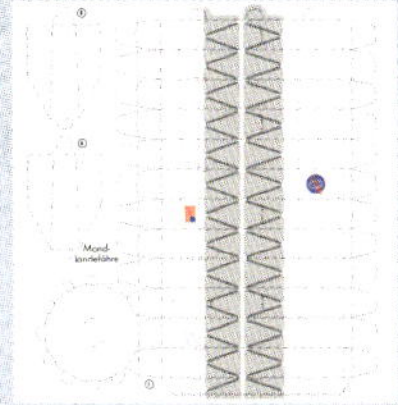
Modellbogen 10

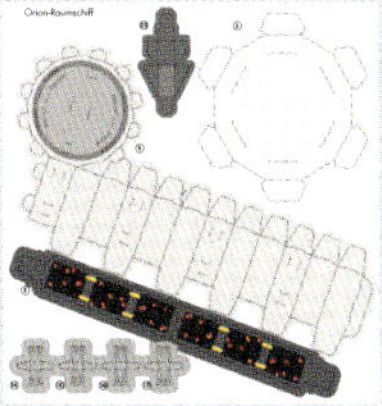
Modellbogen 14

Modellbogen 3

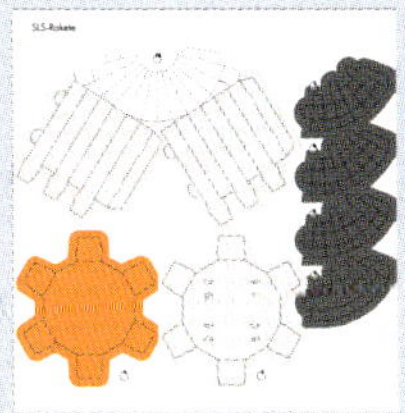
Modellbogen 7

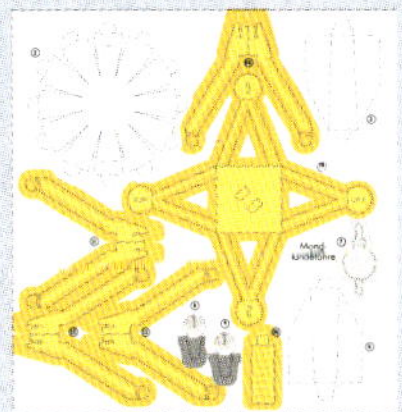
Modellbogen 11

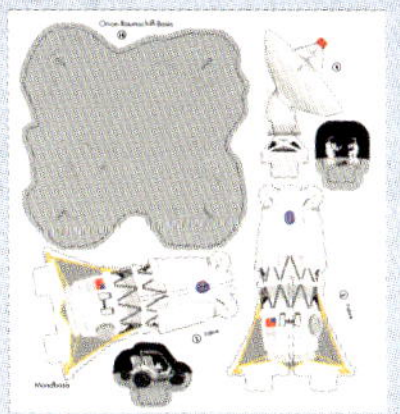
Modellbogen 15

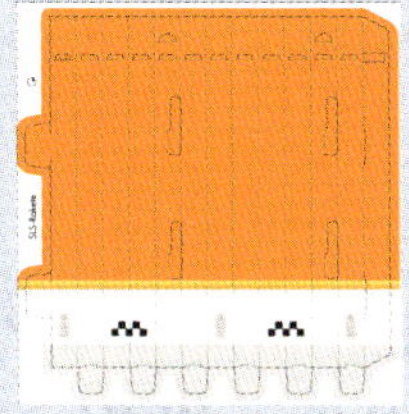
Modellbogen 4

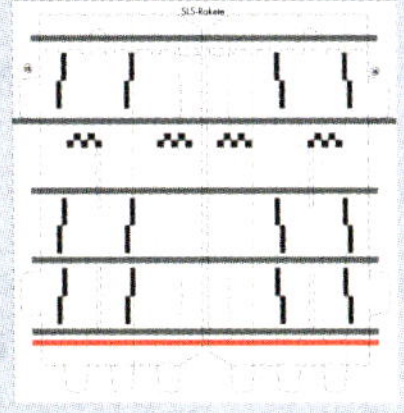
Modellbogen 8

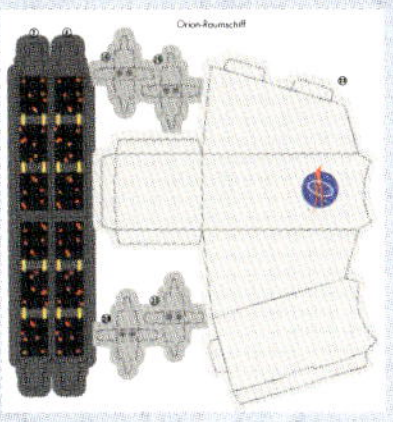
Modellbogen 12

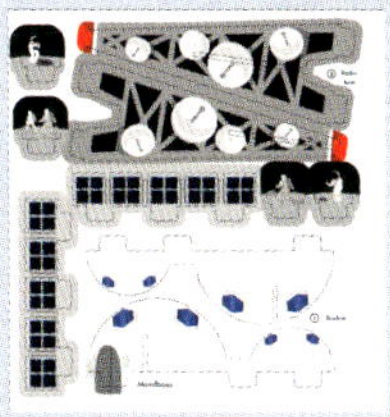
Modellbogen 16

Schublade

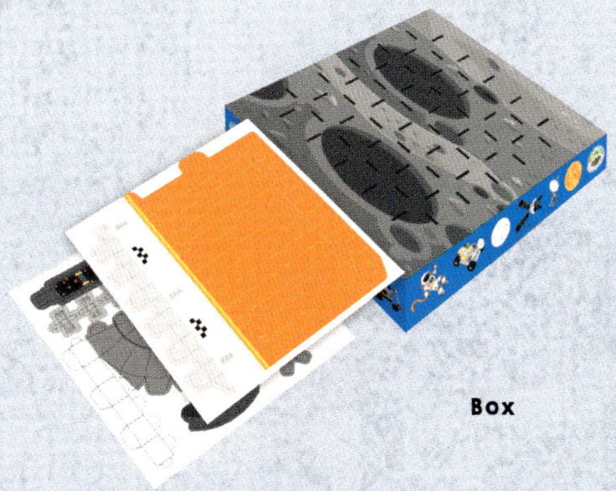
Box

Trenne die Modellteile vorsichtig aus den Modellbögen heraus und stecke sie sorgfältig zusammen, um sie nicht zu beschädigen.

Die 9 Experimente, die du selbst durchführen kannst, verwenden Materialien und Werkzeuge, die du zu Hause findest. Diese lustigen (und manchmal schmutzigen!) Experimente helfen dir, die Themen des Buches nachzuvollziehen und weiter zu erforschen.

SICHERHEITSHINWEIS

Einige Schritte der Experimente können gefährlich sein. Befolge daher genau die Anweisungen und bitte einen Erwachsenen um Hilfe, wenn du dieses Symbol siehst:

ALLES ÜBER DEN MOND

Monde sind Objekte, die Planeten auf ovalen Bahnen, sogenannten **Umlaufbahnen** (Orbits), umkreisen. Manche Planeten haben viele Monde, aber die Erde hat nur einen. Der Mond umkreist unseren **Planeten** seit über 4 Milliarden Jahren. Er ist etwa so breit wie Australien, und um dorthin zu gelangen, müsstest du die gleiche Strecke wie bei zehn Reisen um den **Äquator** zurücklegen!

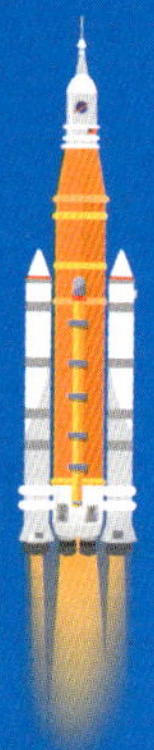

Mondmeere: Auf der Mondoberfläche gibt es große dunkle Flächen, die Meere oder „Maria" genannt werden. Diese waren früher Seen aus ***Lava****, die aus dem Mantel aufgestiegen ist. Jetzt sind sie riesige, tief liegende Ebenen aus schwarzem Gestein.*

Mondhochländer: Die helleren Flächen des Mondes nennt man Hochländer. Sie sind mit Staub und Felsen bedeckt.

Durchmesser	3.473 Kilometer
Größe	22 Milliarden Kubikkilometer
Gewicht	82.000 x 10^{12} Tonnen
Länge eines Mondtages	29,5 Erdtage
Entfernung von der Erde	384.472 Kilometer
Schwerkraft	16 Prozent der Erdanziehungskraft

Krater*: Die Mondoberfläche ist mit Kratern bedeckt, die durch Einschläge von Meteoriten und* **Asteroiden** *entstanden sind.*

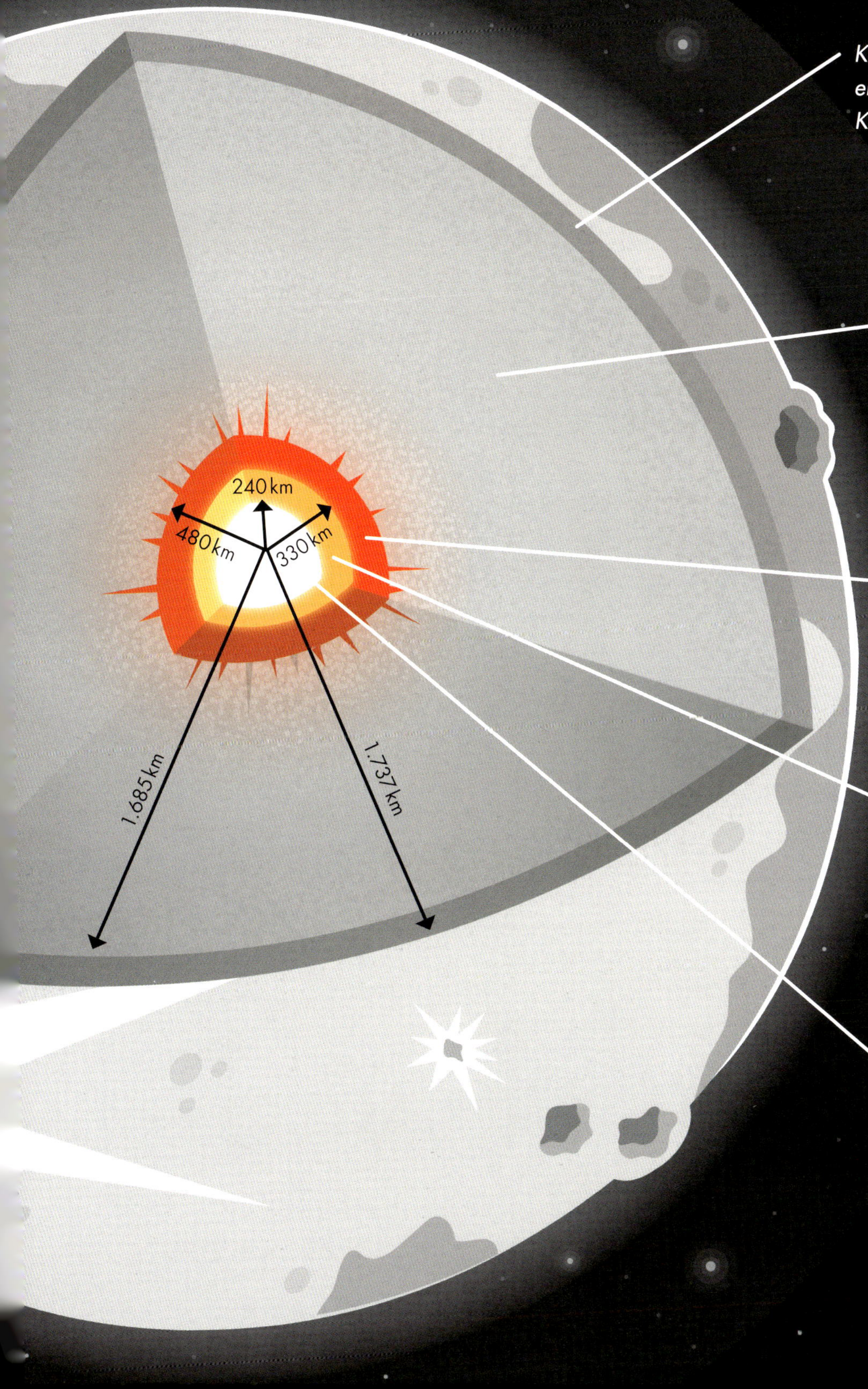

Kruste: Wie die Erde hat der Mond eine feste äußere Schicht, die als Kruste bezeichnet wird.

Mantel: Unter der Kruste befindet sich eine dicke Schicht, die Mantel genannt wird. Als der Mond entstand, war dieser Mantel aus flüssigem **Magma**, jetzt ist er festes Gestein.

Innerer Mantel: In der Nähe des Kerns wird der Mantel heißer und ist teilweise geschmolzen.

Äußerer Kern: Eine Schicht aus glühend heißem, teilweise geschmolzenem Eisen, die den inneren Kern des Mondes umgibt.

Innerer Kern: Im Zentrum des Mondes befindet sich ein Kern aus heißem, flüssigem Eisen.

MONDFORSCHER

Von Beginn der Menschheitsgeschichte an waren die Menschen vom Mond fasziniert. Aber erst im 20. Jahrhundert war die Technik so weit fortgeschritten, dass Menschen den Mond betreten und erkunden konnten. Zwischen 1961 und 1972 schickte das Apollo-Programm der NASA vierundzwanzig Menschen auf den Mond, zwölf von ihnen setzten tatsächlich einen Fuß auf seine Oberfläche.

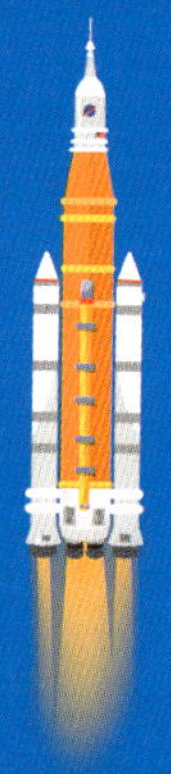

Die Apollo-**Missionen** starteten per Saturn-V-Raketen ins All. Diese mächtigen Maschinen waren 110 Meter hoch und wurden von 1967 bis 1973 in Weltraummissionen eingesetzt.

Sobald die Astronauten den Weltraum erreicht hatten, fiel die Rakete ab, und die Astronauten setzten ihre Reise im Kommando- und Servicemodul (CSM) fort. Der Kegel an der Spitze des CSM war der Aufenthaltsort der Astronauten. Im Zylinder darunter befanden sich Motoren, Treibstoff- und **Sauerstoff**tanks.

Am 21. Juli 1969 betrat der amerikanische Astronaut Neil Armstrong, **Kommandant** von Apollo 11, als erster Mensch den Mond. Begleitet wurde er von seinem Mannschaftskollegen Buzz Aldrin. Armstrongs Bild und Stimme waren über 321.869 Kilometer entfernt auf der Erde zu sehen und zu hören, als er „einen großen Schritt für die Menschheit“ machte.

Auf der Mondoberfläche erkundeten die Astronauten ihre Umgebung und nahmen Proben, die sie mit zur Erde brachten. Sie starteten zurück in den Weltraum, um sich wieder der CSM anzuschließen. Ihr Kollege Michael Collins blieb mit der CSM in der Umlaufbahn um den Mond.

Die CSM flog den ganzen Weg zurück zur Erde, wo alles außer der Kapsel der Astronauten abgesprengt wurde. Die Kapsel durchquerte die Erd**atmosphäre** und nutzte Fallschirme, um ihren Sturz zu verlangsamen. Sie landete sicher im Pazifischen Ozean, wo die Astronauten von einem wartenden Schiff abgeholt wurden.

WAS IST ARTEMIS?

Zurzeit arbeiten Wissenschaftler und Ingenieure der NASA daran, Menschen nach über fünfzig Jahren wieder auf den Mond zu bringen. Diese neuen Missionen laufen unter dem Namen Artemis-Programm.

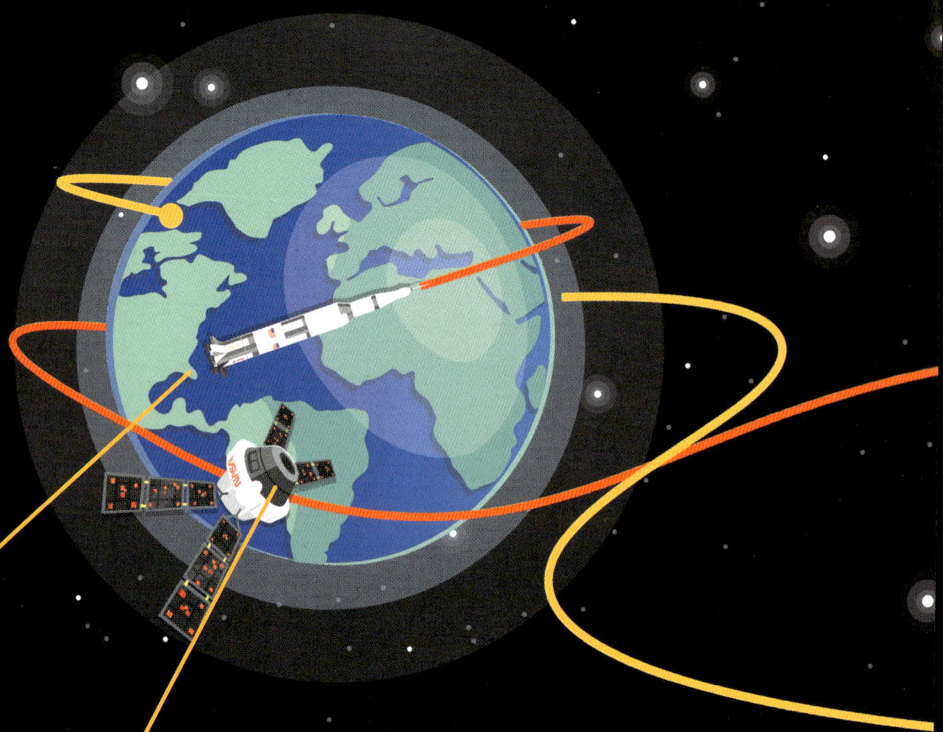

Die Artemis-III-Mission wird vom Kennedy Space Center in Florida aus starten. Sie wird das neue SLS (Space Launch System) der NASA nutzen, um in die Umlaufbahn zu gelangen.

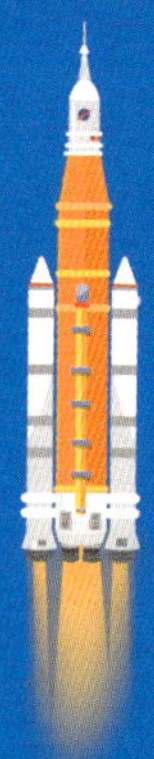

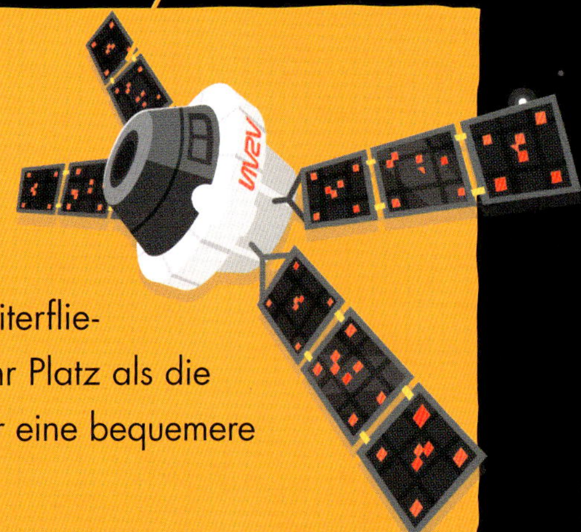

In der Umlaufbahn angekommen, wird die Rakete zur Erde zurückfallen, und die Astronauten werden im neuen Orion-Raumschiff weiterfliegen. Die Orion hat viel mehr Platz als die Apollo CSM und wird daher eine bequemere Reise ermöglichen!

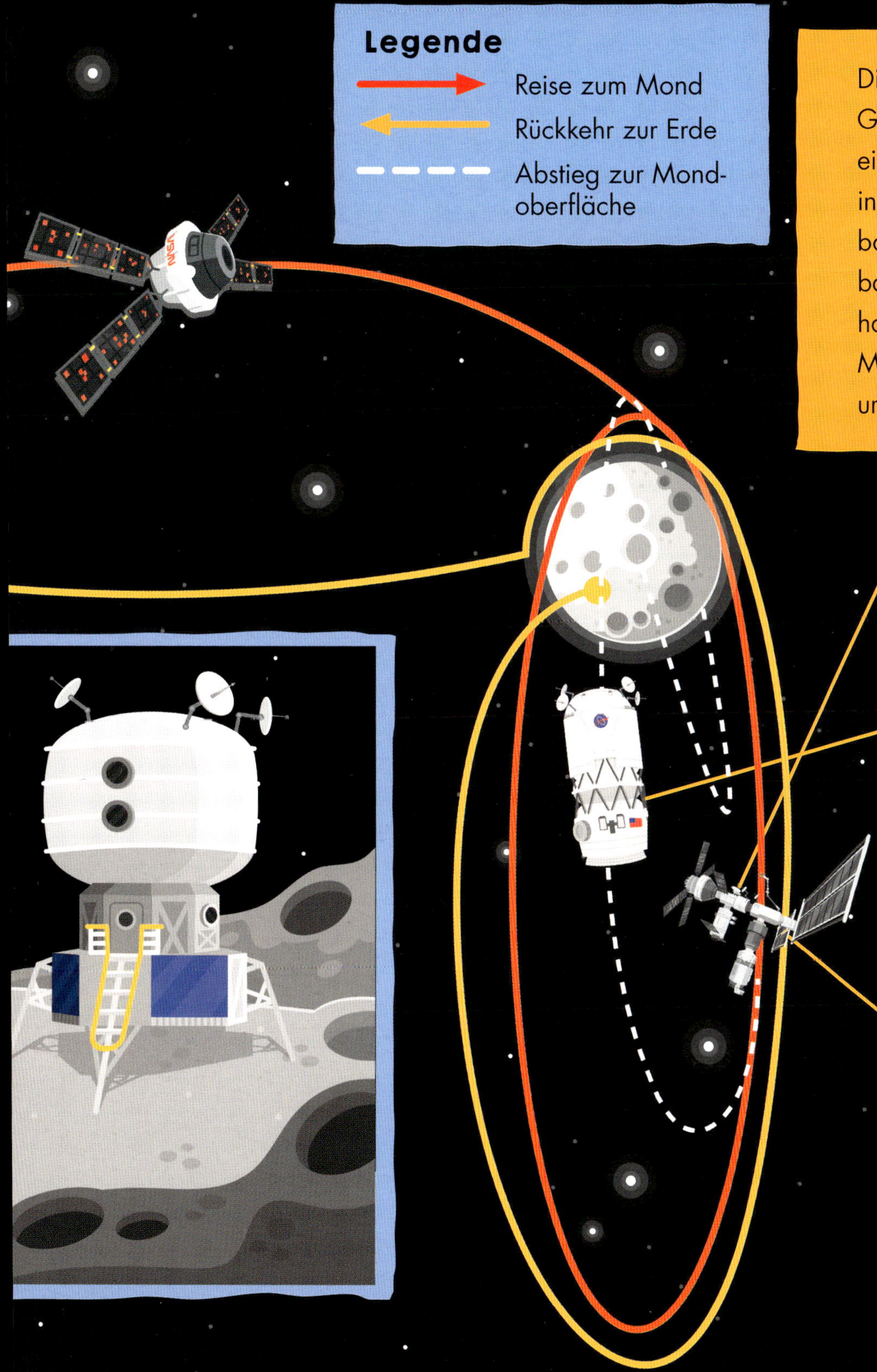

Die Orion wird sich mit Gateway verbinden, einer Raumstation, die innerhalb der Umlaufbahn um den Mond gebaut wurde. Frühere Missionen haben bereits Vorräte und eine Mondlandefähre zur Gateway geschickt, um die Mission vorzubereiten.

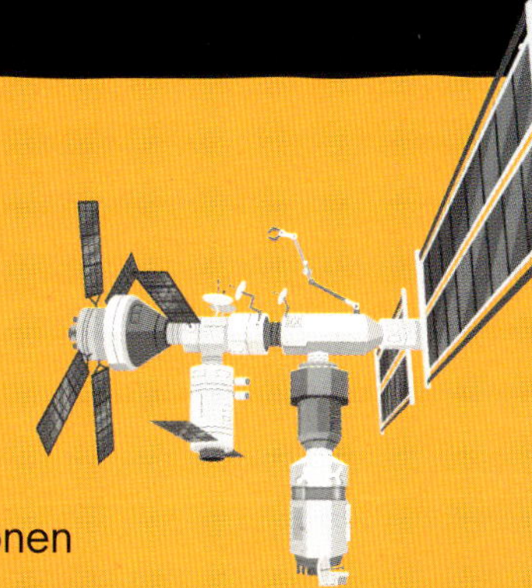

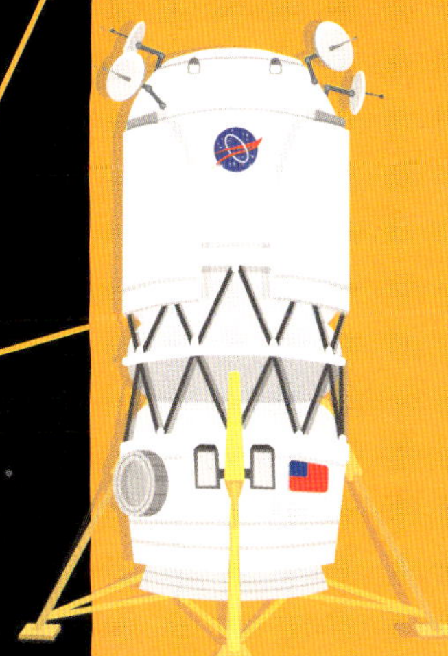

Von der Gateway aus wird die Besatzung mit einer neuen Mondlandefähre auf die Mondoberfläche fliegen. Dort wird sie eine temporäre Basis einrichten, in der sie leben und Experimente durchführen kann.

Nach Beendigung ihrer Mission fliegen die Astronauten zurück zur Gateway, wo sie wieder an Bord des Orion-Raumschiffs gehen und zur Erde zurückkehren.

AUF INS WELTALL

Eine Rakete braucht eine enorme Menge an Energie, um sich von der Erdanziehungskraft loszureißen und ins All zu gelangen. Glücklicherweise ist das SLS die stärkste Rakete, die je gebaut wurde.

SLS DATENBLATT

Höhe: 98 Meter

Gewicht: 3 Millionen Kilogramm

Höchstgeschwindigkeit: 39,430 km/h

WAS IST SCHWERKRAFT?

Schwerkraft ist die unsichtbare Kraft, die alles auf der Erde nach unten zieht. Um der Erdanziehungskraft zu entkommen, muss eine Rakete mit gewaltiger Kraft – **Schub**kraft – nach oben drücken.

RAKETENSCHUBKRAFT

Um von der Erdoberfläche abzuheben, stößt eine Rakete Gasstrahlen aus ihren Düsen aus. Dadurch wird die Rakete mit 27.400 km/h nach oben beschleunigt. Diese Geschwindigkeit ist die Umlaufgeschwindigkeit: die Geschwindigkeit, mit der das Raumschiff die Erde umkreist.

RAKETENSTUFEN

Eine Rakete lagert die große Menge an Treibstoff, die sie benötigt, in Abschnitten, die als Stufen bezeichnet werden. Jede Stufe wird abgetrennt, sobald ihr Treibstoff verbraucht ist. Am Ende bleibt nur das Raumschiff übrig, das die Astronauten trägt.

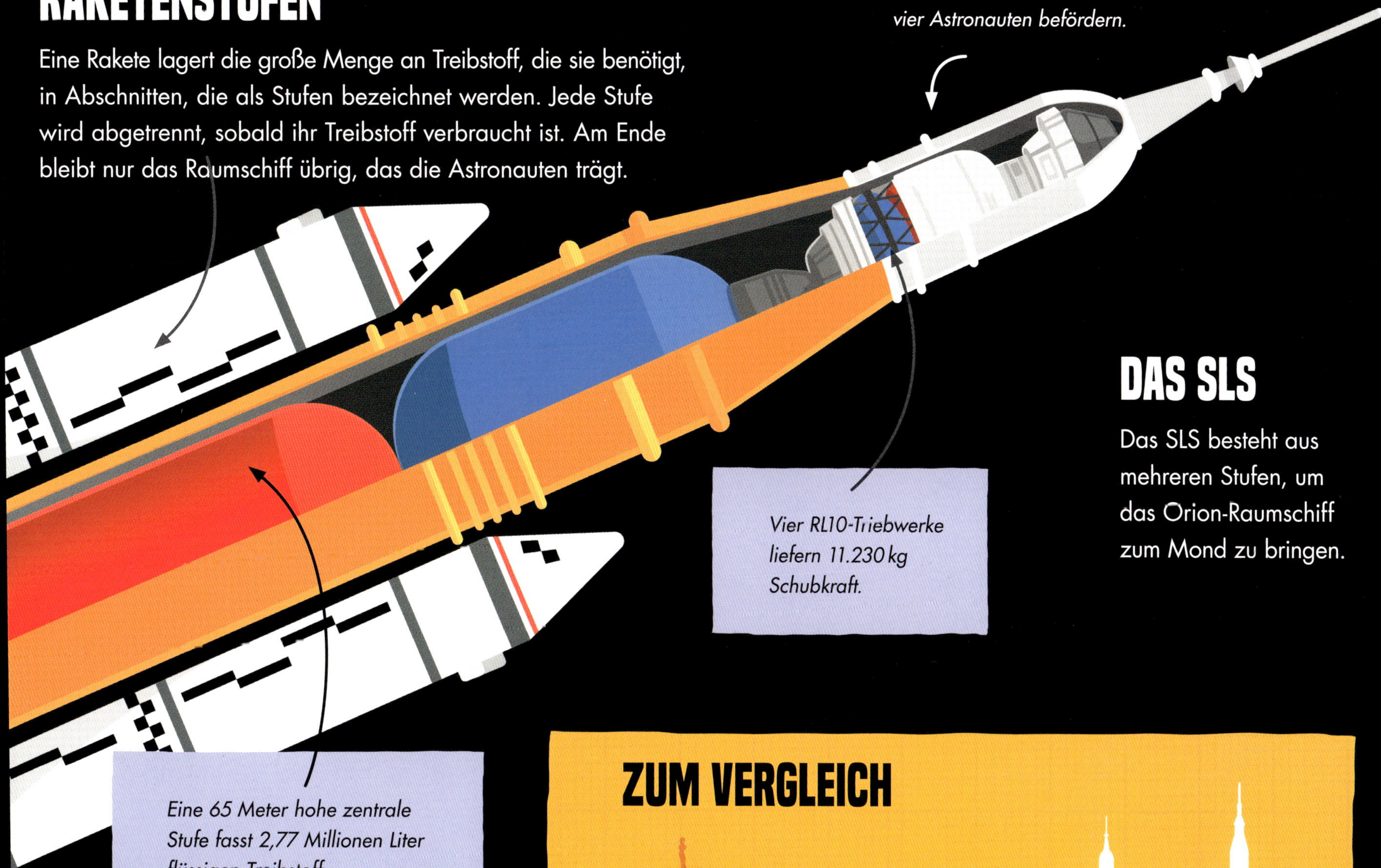

*Das **Orion-Raumschiff** kann vier Astronauten befördern.*

Vier RL10-Triebwerke liefern 11.230 kg Schubkraft.

Eine 65 Meter hohe zentrale Stufe fasst 2,77 Millionen Liter flüssigen Treibstoff.

Zwei 54 Meter hohe Raketen-Booster liefern die Schubkraft von vierzehn Jumbojets.

DAS SLS

Das SLS besteht aus mehreren Stufen, um das Orion-Raumschiff zum Mond zu bringen.

ZUM VERGLEICH

Freiheitsstatue: 93 Meter

Space Shuttle: 56 Meter

SLS: 98 Meter

Saturn V: 111 Meter

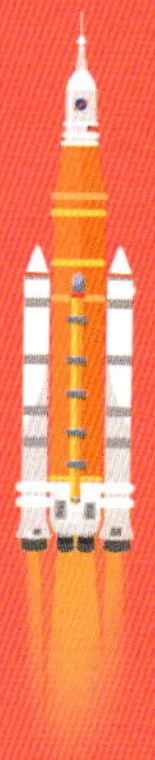

BAUE EINE SLS-RAKETE

Das SLS besteht aus einer zentralen Stufe und zwei Booster-Raketen. Oben befindet sich ein Notrettungssystem, das die Astronauten im Notfall aus der Gefahrenzone bringt. Hier kannst du dein eigenes Modell bauen.

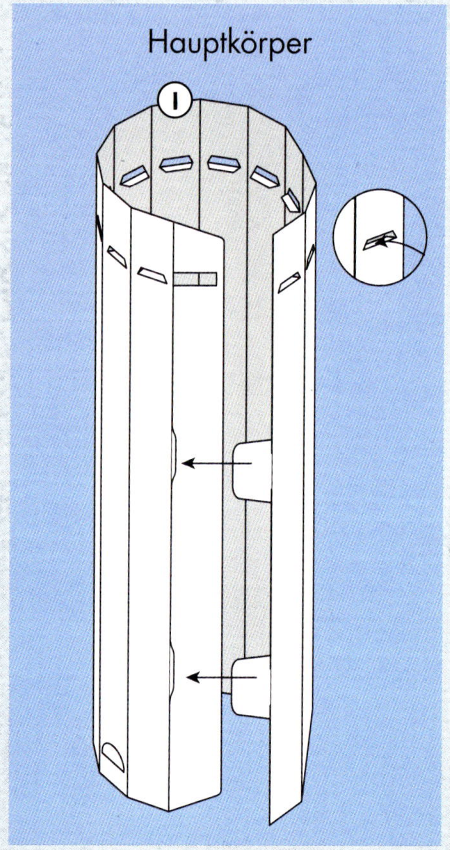

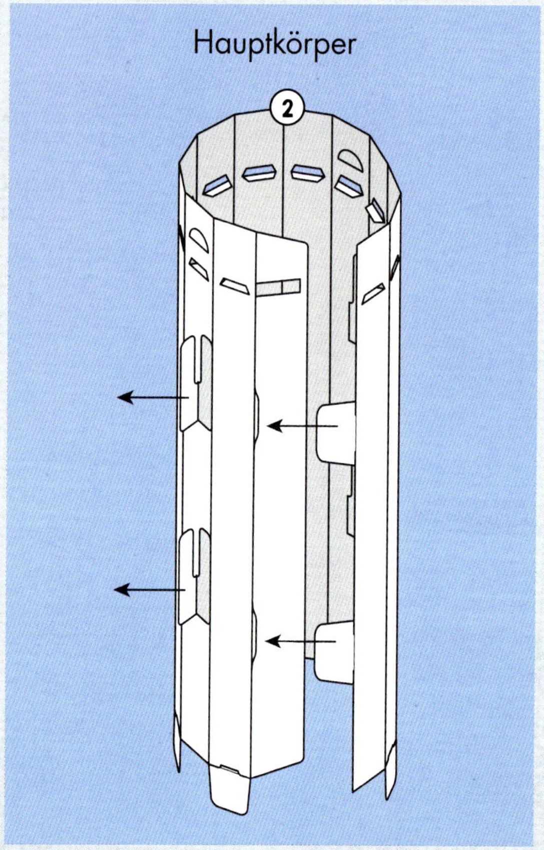

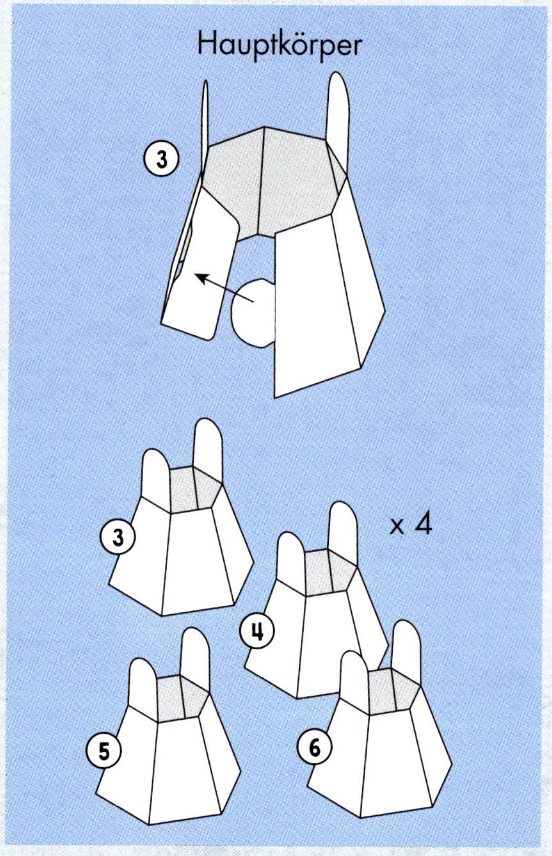

1 *Drücke Teil 1 heraus. Falte entlang der langen Knicke, um ein Rohr zu formen, und stecke die großen Laschen in die Schlitze, um das Rohr zu fixieren. Drücke die kleinen Schlitze oben am Rohr nach innen.*

2 *Drücke Teil 2 heraus und baue es genauso wie Teil 1 zusammen. Klappe die beiden Laschen an jeder Seite des Rohrs aus, damit sie seitlich herausragen. Falte die sechs unteren Laschen nach innen.*

3 *Drücke die Teile 3 bis 6 heraus. Falte sie, um vier Booster-Raketen zu erhalten, und stecke die seitlichen Laschen ein, um sie zu fixieren.*

Hauptkörper

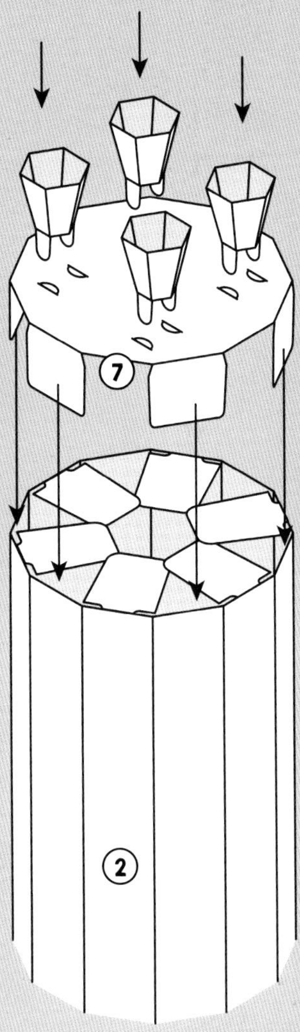

Raketenspitze

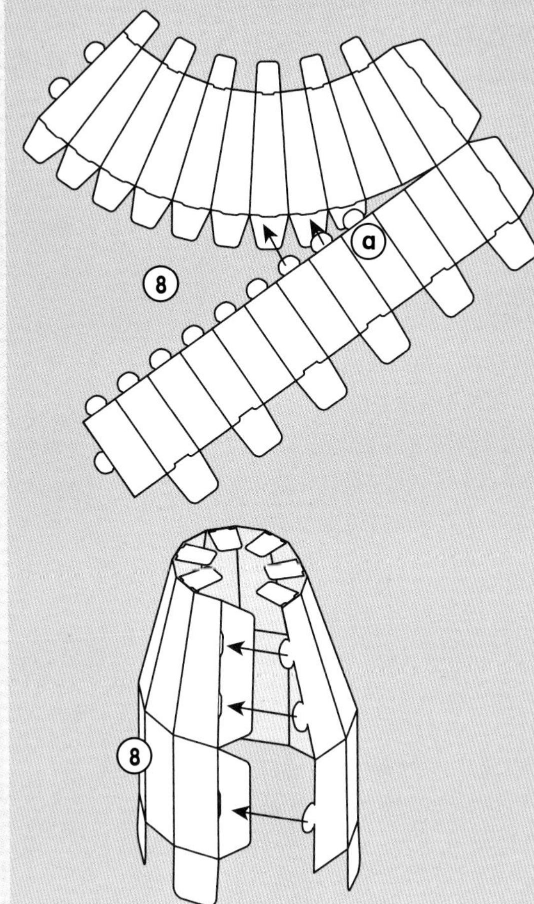

Raketenspitze

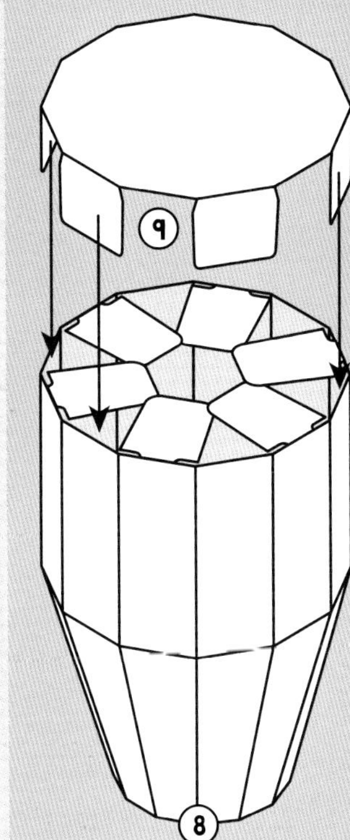

Raketenspitze

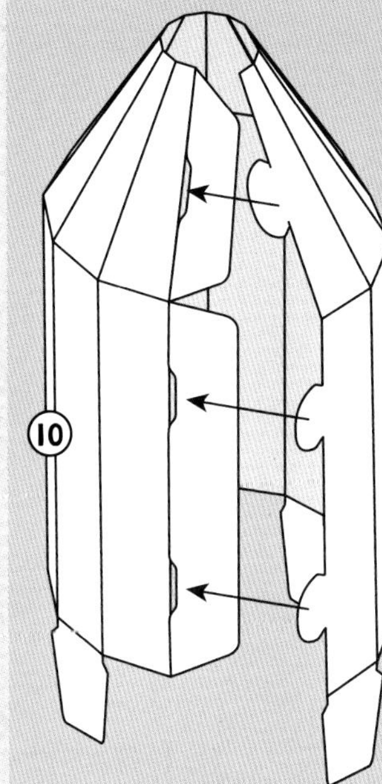

4 *Drücke Teil 7 heraus und stecke die vier Booster-Raketen in die Schlitze. Falte die 6 großen Laschen nach oben und stecke sie in den Boden des Rohrs aus Schritt 2.*

5 *Drücke Teil 8 heraus und falte entlang aller Knicke. Stecke die Laschen nacheinander in die darunterliegenden Schlitze. Dann stecke die großen seitlichen Laschen in die gegenüberliegenden Schlitze, um die untere Raketenspitze zu formen.*

6 *Drücke Teil 9 heraus, klappe die Laschen nach oben und stecke sie in die Schlitze in der Basis von Teil 8.*

7 *Drücke Teil 10 heraus und montiere es wie Teil 8, um die obere Raketenspitze zu bilden.*

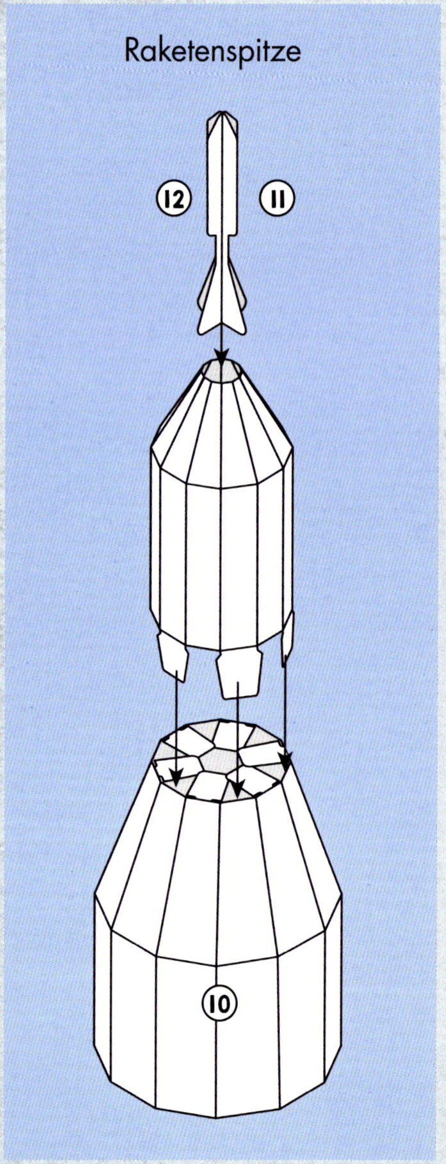

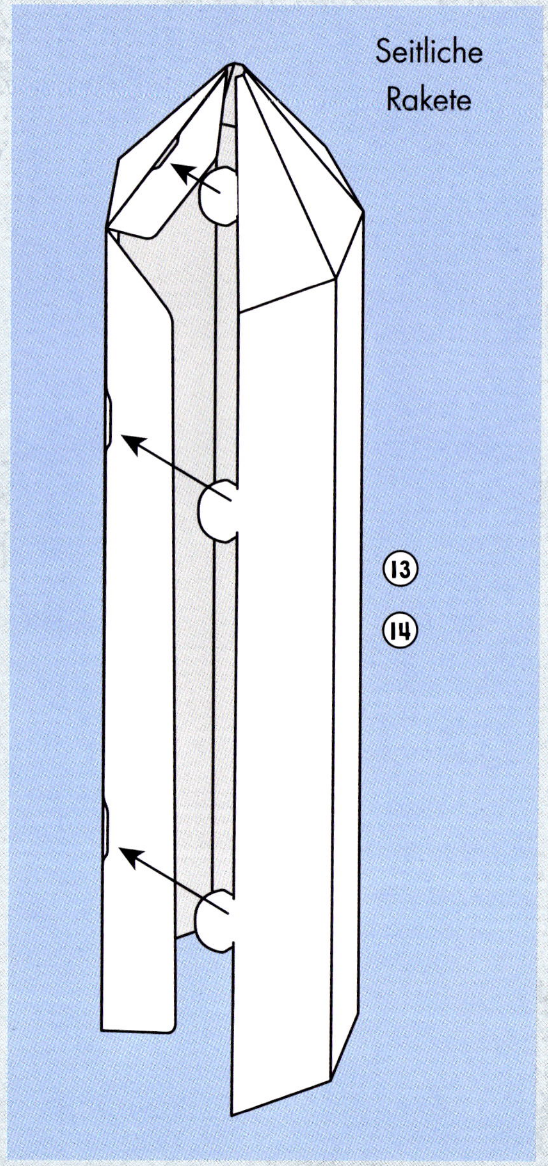

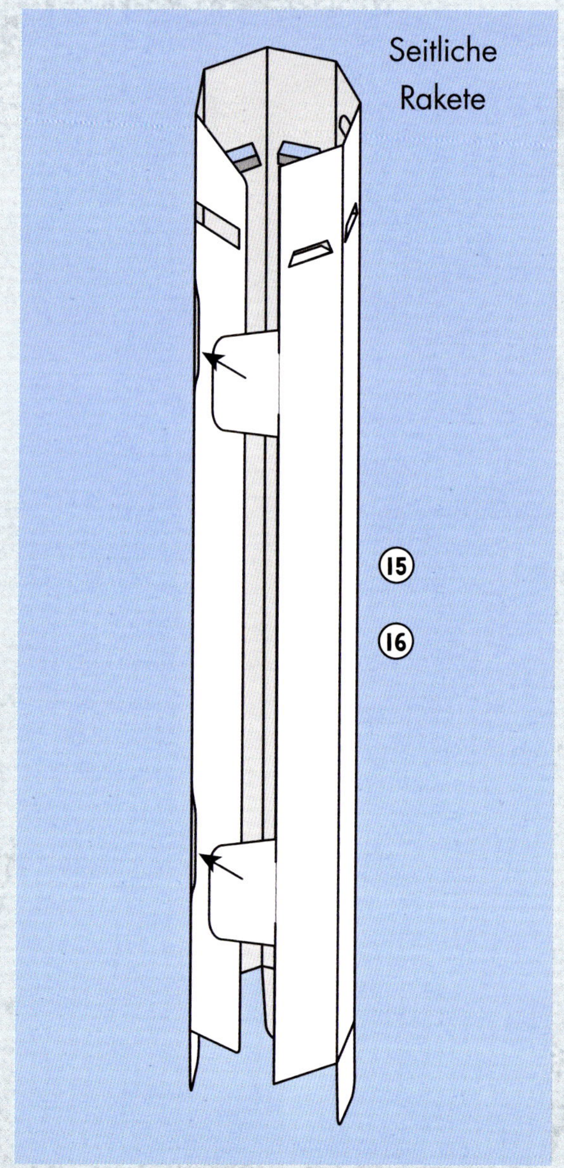

8 *Drücke die Teile 11 und 12 heraus und stecke sie zusammen, um das Notrettungssystem zu bauen. Montiere dieses auf der Raketenspitze, stecke dann die obere Raketenspitze auf die untere Raketenspitze.*

9 *Drücke die Teile 13 und 14 heraus und falte entlang der Knicke. Stecke die Laschen in die Schlitze, um die oberen Hälften der beiden Seitenraketen zu bauen.*

10 *Drücke die Teile 15 und 16 heraus und falte entlang der Knicke, um die Körper der beiden Booster-Raketen zu formen. Drücke die kleinen Laschen oben nach innen und stecke die großen Laschen gegenüberliegend in die Schlitze.*

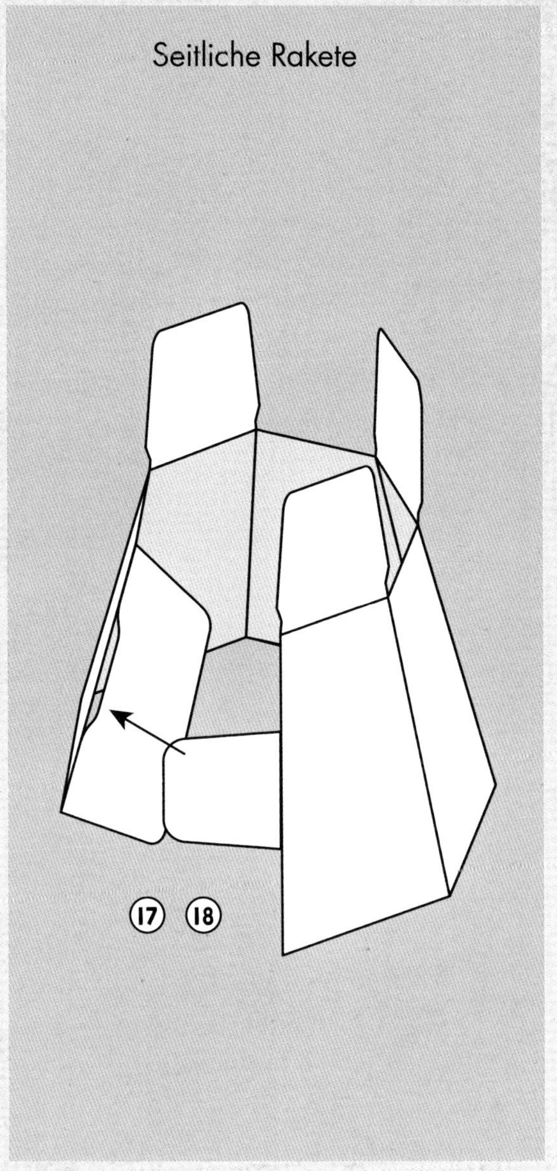

11 *Drücke die Teile 17 und 18 heraus. Falte entlang der Knicke und stecke die Laschen ein, um die Basen für die Booster-Raketen zu formen.*

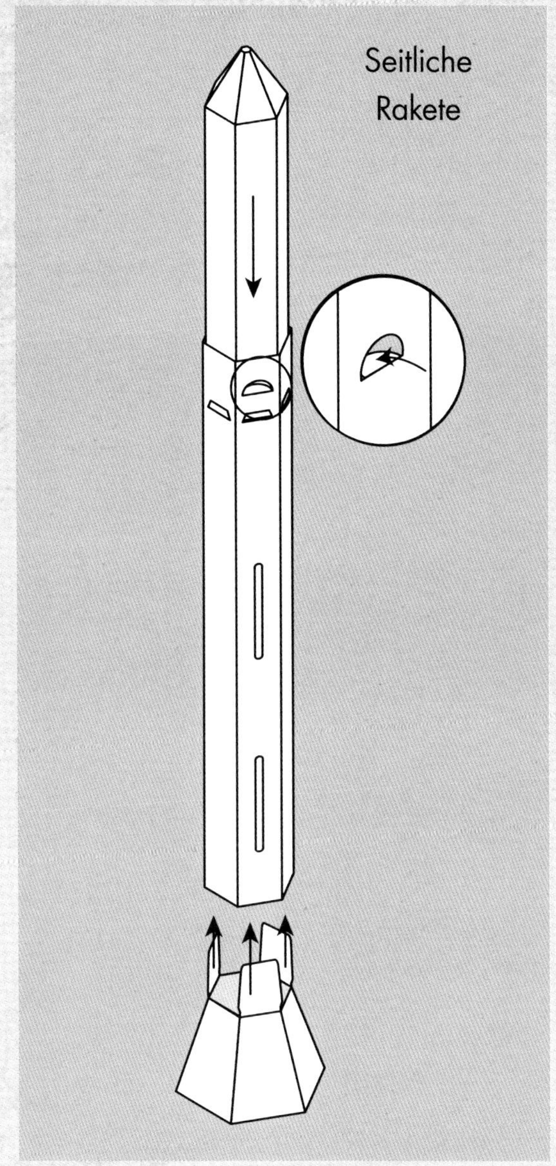

12 *Baue die beiden Booster-Raketen zusammen, indem du die Basis jeweils in das Rohr steckst und dann die Spitzen aufsetzt. Achte darauf, die Halbkreise aneinander auszurichten, um die Teile zu fixieren.*

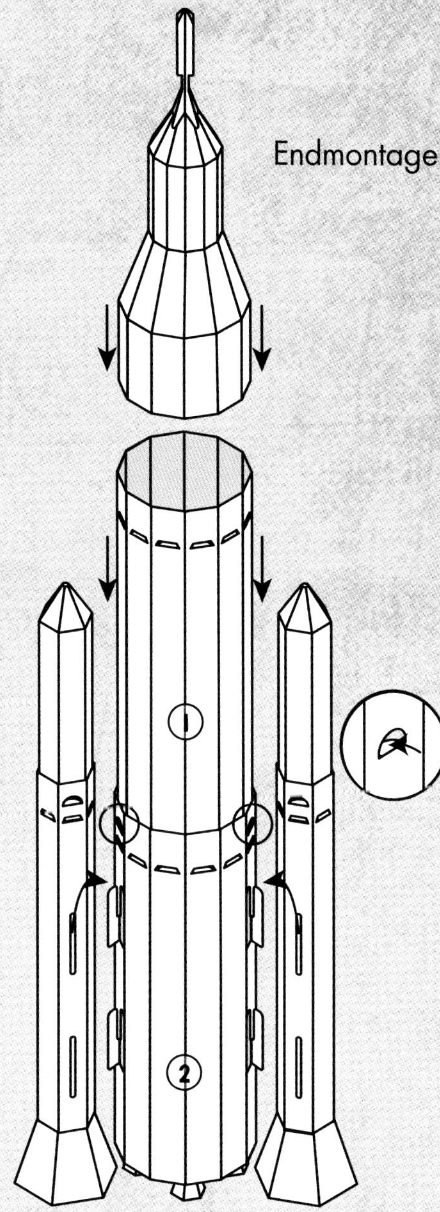

13 *Stecke das obere Rohr der Hauptrakete in das untere Rohr und richte die Halbkreise so aus, dass sie zusammenhalten. Stecke die Raketenspitze in das obere Rohr. Befestige die Booster-Raketen an den Seiten der Hauptrakete.*

BAUE EINE MINI-RAKETE!

Bereit, in den Orbit zu fliegen? Baue deine eigene Mini-Rakete mit einer kleinen Röhre und ein paar Haushaltsmaterialien.

Achtung: Dieses Experiment macht eine Sauerei! Führe es daher bitte draußen durch! Die Essigmischung kann in den Augen brennen, trage also eine Schutzbrille und bitte einen Erwachsenen um Hilfe. Richte die Rakete niemals auf jemanden und stehe nicht im Weg, wenn sie startet!

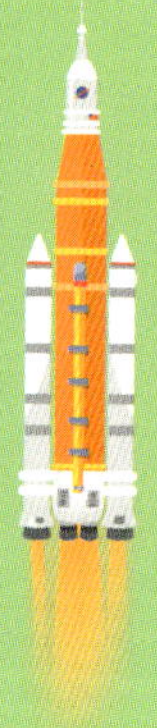

Du benötigst:

- Backpulver
- Teelöffel
- Papiertaschentuch
- Schere
- kleine Plastikröhre mit Deckel (z.B. von Süßigkeiten)
- große Vielzweckklemme
- Essig

1. *Gib einen Teelöffel Backpulver in die Mitte deines Taschentuchs und drehe es zu einem kleinen Paket. Schneide die Überschüsse ab.*

2. *Gib zwei Teelöffel Essig in die Röhre und stecke das Backpulver-Paket oben hinein. Klemme es mit dem Deckel fest.*

3 *Stelle die Röhre mit dem Deckel nach unten auf die Klemme. Tritt sicherheitshalber zurück. Stelle sicher, dass die Röhre auf niemanden zeigt!*

4 *Warte ein paar Sekunden und die Röhre sollte wie eine Rakete in die Luft schießen!*

FAZIT

In einem Raketentriebwerk entstehen durch den Treibstoff heiße Gaswolken, die hinten aus der Rakete austreten und sie nach oben drücken. In deiner Mini-Rakete reagiert das Backpulver mit dem Essig und erzeugt **Kohlendioxid**. Der Druck in der Röhre steigt, bis der Deckel abspringt und Gas austritt – so wie bei einer echten Rakete!

ORION-RAUMSCHIFF

Das Orion-Raumschiff hat alles, was die Besatzung braucht, um von der Erdumlaufbahn zur Mondumlaufbahn zu reisen. Hier erfährst du, wie du dein eigenes Modell bauen kannst.

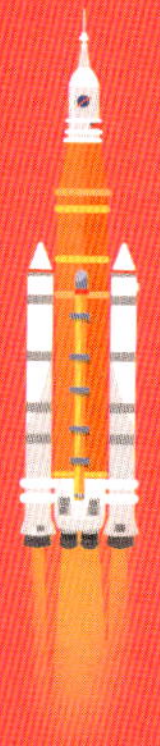

1 *Drücke Teil 1 heraus. Schiebe die zwei grauen Laschen in die grauen Schlitze, um eine Kegelform zu bilden. Arbeite dich dann an den Seiten entlang und stecke die weißen Laschen in die grauen Schlitze. Die letzte weiße Lasche wird in den Schlitz am anderen Ende des weißen Streifens gesteckt, um einen Ring um die Basis des Kegels zu formen.*

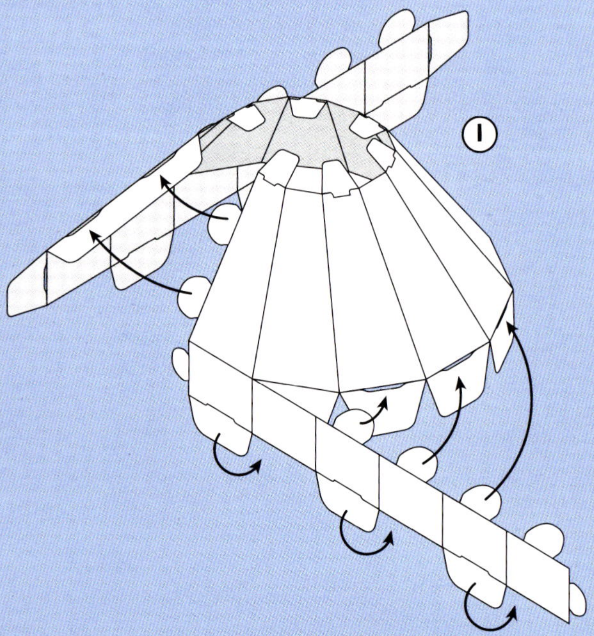

2 *Drücke Teil 2 heraus. Falte die Laschen nach unten und stecke sie in die Lücken zwischen den Laschen auf der Oberseite von Teil 1.*

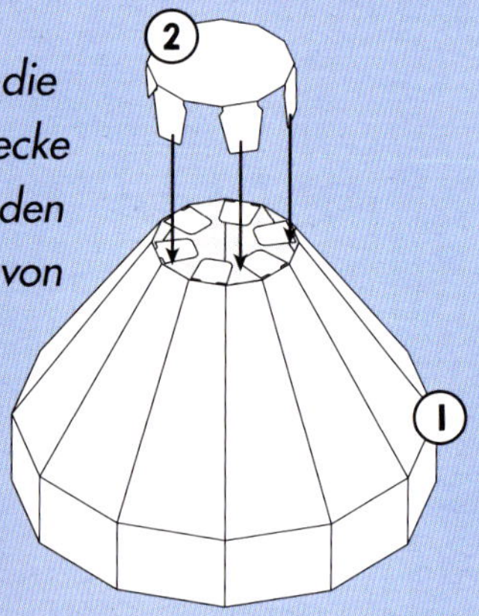

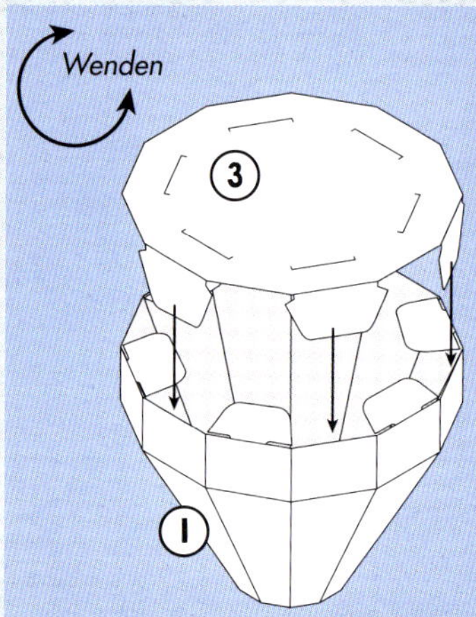

3 *Drücke Teil 3 heraus. Falte die Laschen nach oben. Drehe Teil 1 um und falte die weißen Laschen nach innen. Stecke die Laschen von Teil 3 in die Lücken zwischen den Laschen von Teil 1.*

4 *Drücke Teil 4 heraus. Arbeite rund um den inneren Kreis und stecke jede Lasche in den daneben liegenden Schlitz. Zum Schluss steckst du die beiden seitlichen Laschen in die gegenüberliegenden Schlitze.*

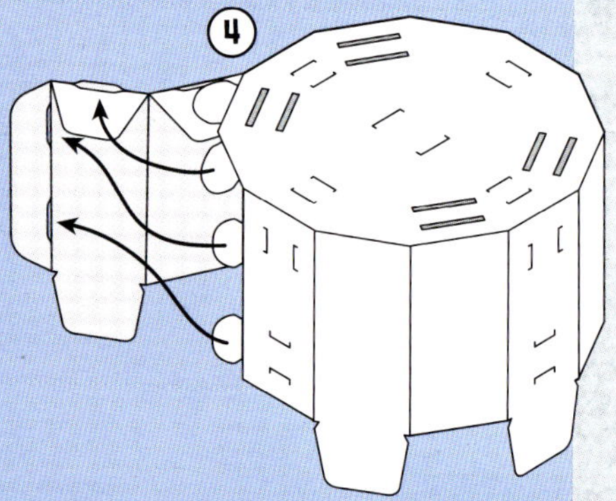

5 *Verbinde Teil 4 mit dem Rest des Raumschiffs, indem du die herausstehenden Laschen in die Schlitze an der Basis des Kegels schiebst.*

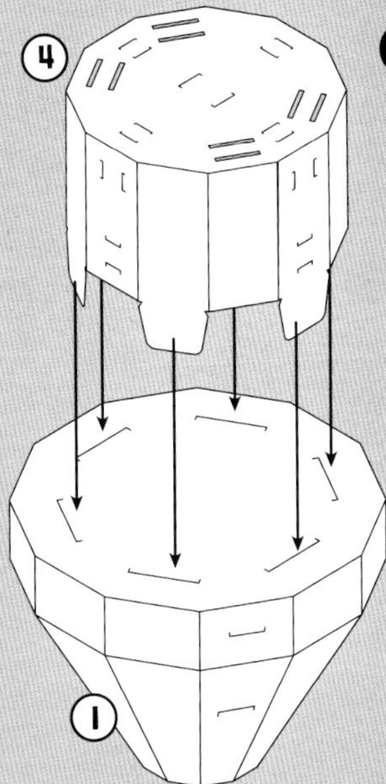

6 *Drücke die Teile 5–8 heraus und falte jedes in der Mitte. Drücke Teil 9 heraus und falte es zu einem Kreis, indem du die Lasche hineinschiebst. Drücke die Teile 10–17, 18–21 und Teil 22 heraus und falte sie wie gezeigt.*

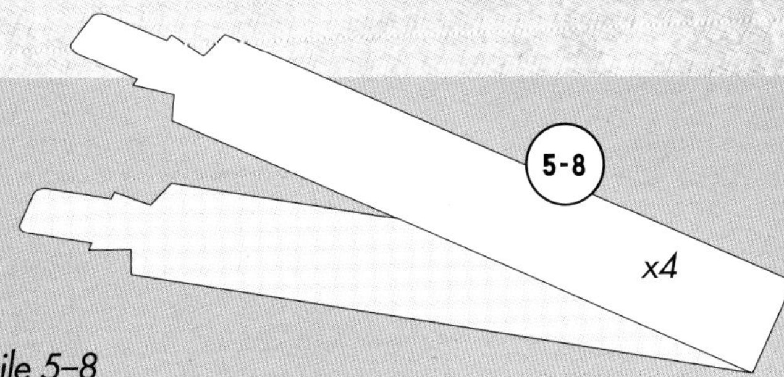

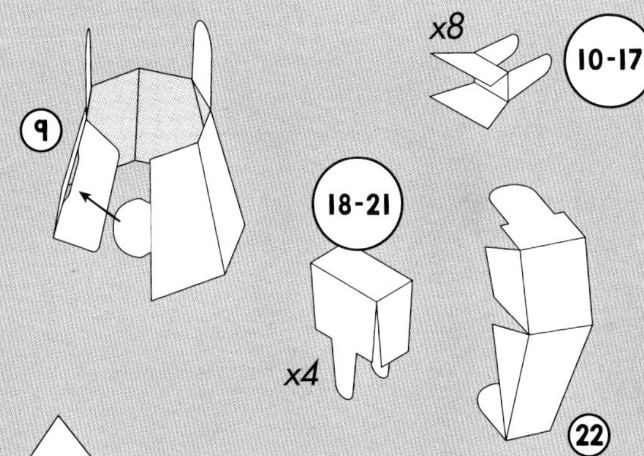

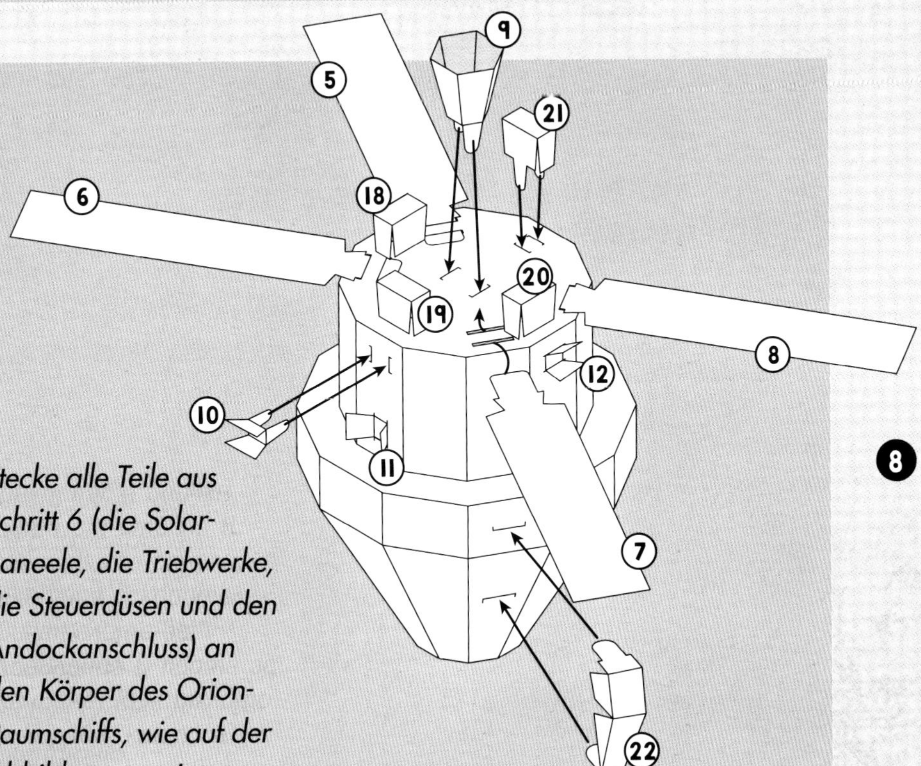

7 *Stecke alle Teile aus Schritt 6 (die Solarpaneele, die Triebwerke, die Steuerdüsen und den Andockanschluss) an den Körper des Orion-Raumschiffs, wie auf der Abbildung gezeigt.*

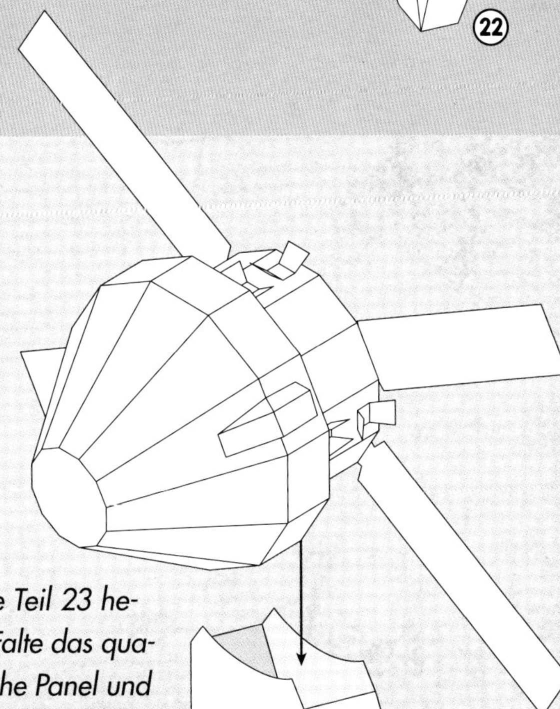

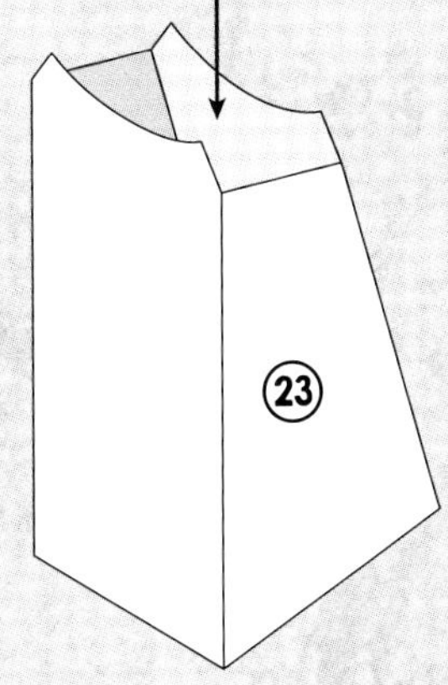

8 *Drücke Teil 23 heraus. Falte das quadratische Panel und stecke die Seiten zusammen. Setze dein Orion-Raumschiff auf den Ständer, damit es fertig zur Ausstellung ist.*

KLIMAKONTROLLE IN EINER BOX

Raumschiffe und Raumstationen verwenden Kühlerlamellen – das sind Metallplatten, die Wärme abgeben –, um das Innere vor Überhitzung zu schützen. Baue hier deine eigenen Kühlerlamellen.

Du benötigst:

Tasse
Wasser
Thermometer
Aluminiumfolie
Stoppuhr
Stift und Papier

1. *Fülle die Tasse zu ¾ mit heißem Wasser und stecke das Thermometer hinein. Schreibe die Temperatur auf.*

2. *Warte genau 2 Minuten mit der Stoppuhr und notiere die Temperatur erneut. Wiederhole dies alle 2 Minuten, bis 10 Minuten vergangen sind, sodass du insgesamt fünf Messungen hast.*

3. *Leere das Wasser aus der Tasse und fülle sie erneut zu ¾ mit heißem Wasser. Schreibe die Temperatur auf.*

4. *Nimm vier Streifen Aluminiumfolie. Diese werden deine Kühlerlamellen. Hänge sie über den Rand der Tasse, sodass der untere Teil in das Wasser eintaucht und der obere Teil in der Luft bleibt.*

5 *Warte wieder 2 Minuten und notiere alle 2 Minuten die Temperatur, bis 10 Minuten vergangen sind.*

6 *Vergleiche deine Ergebnisse. Du wirst sehen, dass das Wasser in der Tasse mit den Kühlerlamellen schneller abgekühlt ist.*

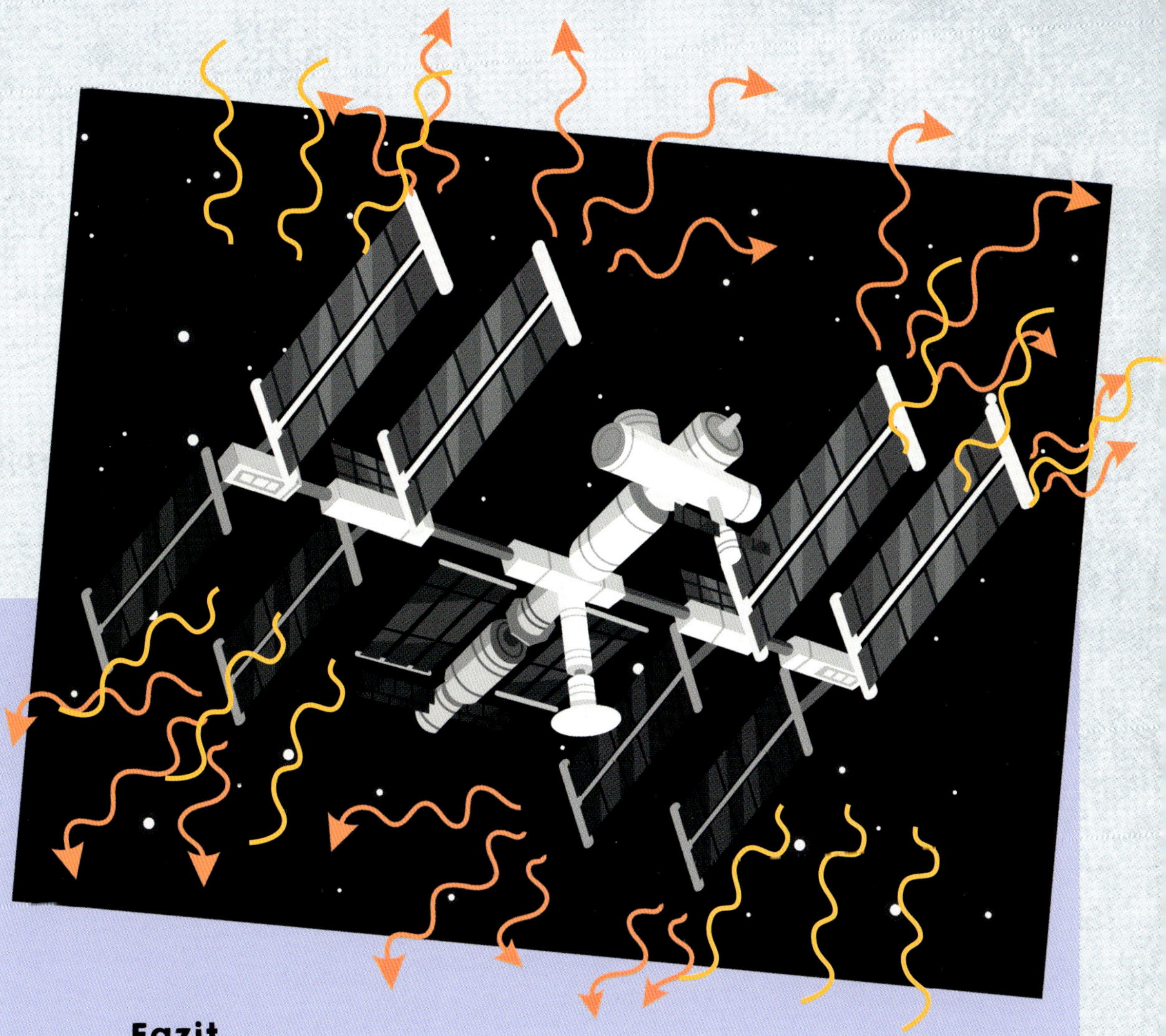

Fazit

Wärme bewegt sich durch Leitung (sie wandert durch Materialien), Konvektion (Strömungen in Flüssigkeiten oder Gasen) und **Strahlung** (Wärmeaustausch zwischen Objekten, die sich nicht berühren). Metallflächen wie Aluminiumfolie leiten und strahlen Wärme sehr gut ab. Die Folienstreifen leiten die Wärme aus dem Wasser und strahlen sie in die Luft ab, sodass das Wasser schneller abkühlt. In einem Raumschiff machen Metallkühlerlamellen das Gleiche, damit das Innere des Raumschiffs nicht zu heiß wird und Menschen und Geräte richtig funktionieren.

RAUMSTATIONEN

Raumstationen sind Orte, an denen Menschen leben und arbeiten können. Sie enthalten alles, was zum Überleben nötig ist: Sauerstoff, Nahrung, Wasser und Schutz. Die neue Gateway-Station wird aber auch eine Zwischenstation zum Mond und später zum Mars sein. Es dauert etwa fünf Tage, bis die Astronauten die 400.000 Kilometer von der Erde zur Gateway-Station zurückgelegt haben.

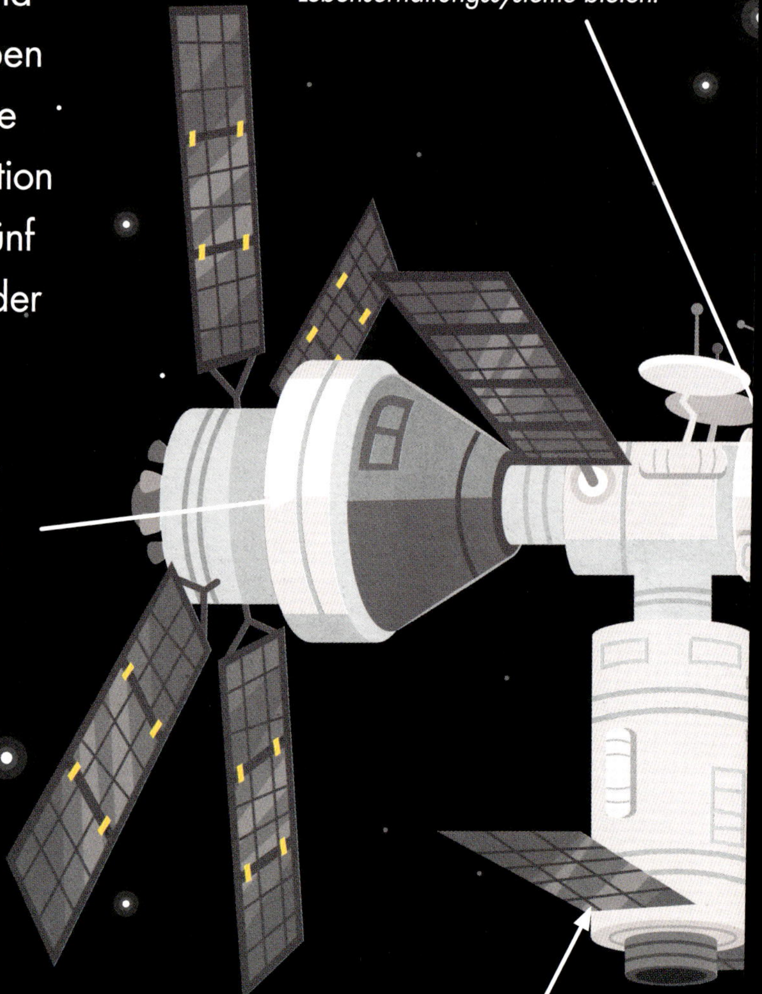

Das I-HAB (International Habitat Module) wird Raum für Kameras und Lebenserhaltungssysteme bieten.

Das Orion-Raumschiff bringt Astronauten, Teile und Vorräte von der Erde zur Station.

Das LM (Logistikmodul) wird ein Labor für wissenschaftliche Experimente sein.

GATEWAY-STATION

Diese Station wird aus mehreren Teilen bestehen, Module genannt, die nach und nach installiert werden.

MONDSTATION

Die Bauarbeiten für die Gateway-Station beginnen nach der neuen Artemis-III-Mission, die Menschen auf den Mond bringen wird. Gateway wird dann als Zuhause und Kontrollzentrum für zukünftige Reisen zur Mondoberfläche dienen und später als Zwischenstation für eine Reise zum Mars.

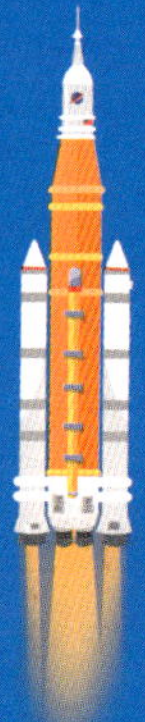

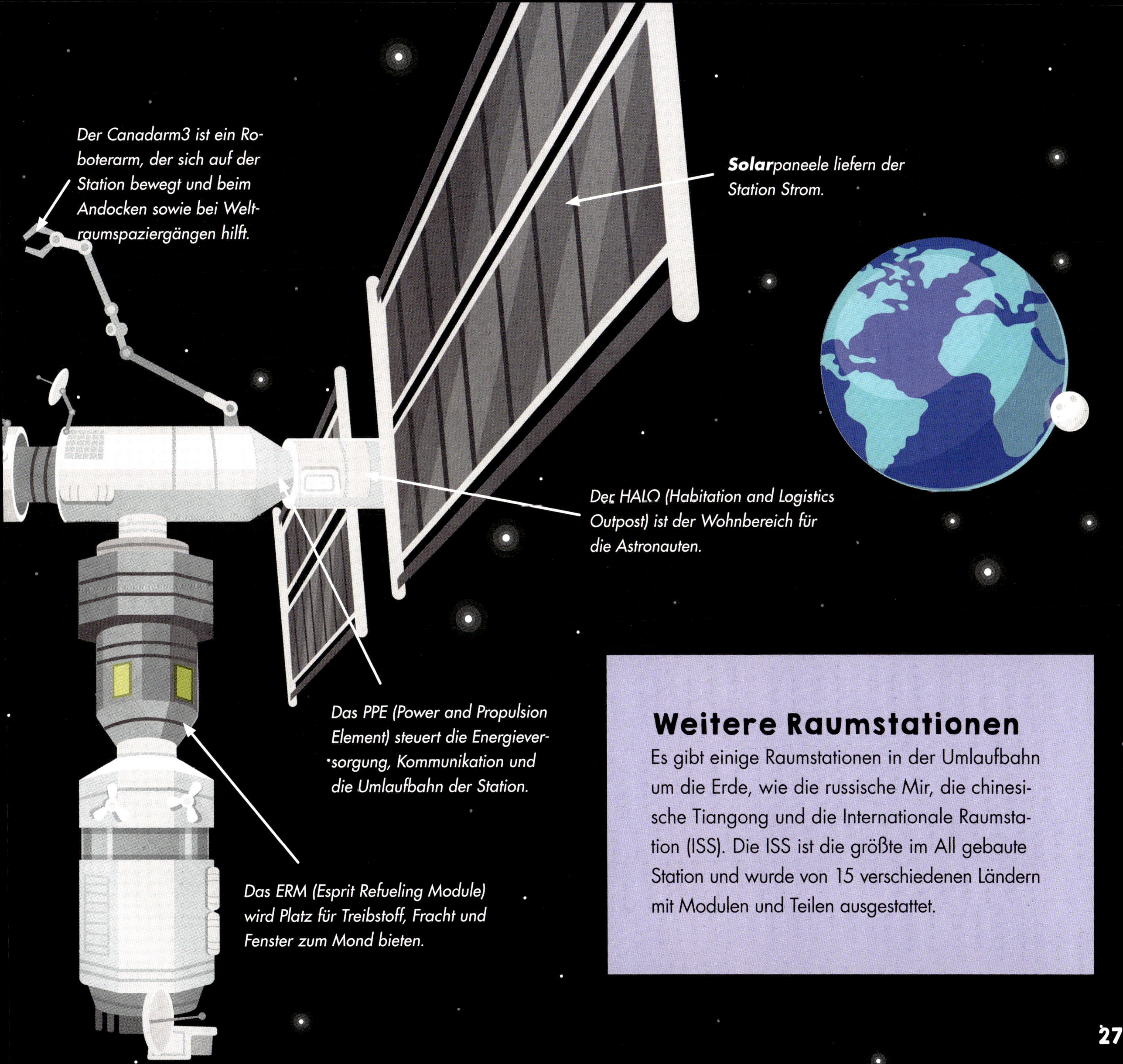

Weitere Raumstationen

Es gibt einige Raumstationen in der Umlaufbahn um die Erde, wie die russische Mir, die chinesische Tiangong und die Internationale Raumstation (ISS). Die ISS ist die größte im All gebaute Station und wurde von 15 verschiedenen Ländern mit Modulen und Teilen ausgestattet.

LEBEN OHNE SCHWERKRAFT

Im Weltraum zu arbeiten, kann den Alltag etwas komplizierter machen! Das liegt daran, dass es keine Schwerkraft gibt, die Dinge festhält. Astronauten müssen lernen, unter schwerelosen Bedingungen zu leben, das nennt man auch „Zero G".

Toilette

Weltraumtoiletten sind speziell gebaut, damit nichts wegschwebt. Dabei müssen Astronauten in einen Trichter urinieren. Für den Stuhlgang (Kot) müssen sich die Astronauten über ein 10 cm großes Saugloch setzen. Das bedarf etwas Übung!

Essen

Das Weltraumessen kommt in vakuumverpackten Beuteln, damit keine Krümel herumfliegen. Astronauten fügen heißes Wasser hinzu und saugen das Essen durch einen Strohhalm.

Fitness

Da es im Weltraum keine Schwerkraft gibt, sehen sich Astronauten Muskel- und Knochendichteabbau ausgesetzt. Deshalb müssen sie jeden Tag Sport machen. Sie schnallen sich auf Fahrrädern oder Laufbändern fest und trainieren etwa zwei Stunden pro Tag.

Waschen

Im Weltraum gibt es nur wenig Wasser. Deshalb benutzen Astronauten Seifenreinigungstücher, um sich zu reinigen. Die spezielle Seife verdunstet danach, sodass sie sich nicht klebrig fühlen. Zum Haarewaschen verwenden sie ein Trockenshampoo, das kein Wasser braucht.

Schlafen

Wenn es Zeit ist zu schlafen, schnallen sich die Astronauten in einen Schlafsack, der an der Wand befestigt ist. Sie müssen ihre Arme im Schlafsack behalten, damit sie nicht hochschweben!

Zero-G-Anzeige

Bei dem Testflug von Artemis wurde ein Stofftier als „Zero-G-Anzeige" verwendet. Als das Stofftier anfing, in der Kabine zu schweben, wussten die Astronauten, dass das Raumschiff in Schwerelosigkeit angekommen war.

SCHWERKRAFT SIMULIEREN

Zukünftige Raumstationen werden Teile so drehen können, dass künstliche Schwerkraft erzeugt wird. So kannst du Schwerkraft in deinem eigenen Garten herstellen.

Du benötigst:

Einen Pappbecher

Einen spitzen Bleistift

Eine Schnur

Eine Schere

Kleine Bonbons

1. *Bitte einen Erwachsenen, zwei kleine Löcher in den Rand des Pappbechers zu machen. Die Löcher sollten einander genau gegenüberliegen.*

2. *Nimm ein kurzes Stück Schnur (etwa 15 cm lang) und fädle es durch die Löcher. Binde die Enden zu einer Schlaufe zusammen.*

❸ *Nimm ein längeres Stück Schnur (etwa 75 cm lang) und binde ein Ende in der Mitte der Schlaufe oben am Becher fest.*

❹ *Lege eine Handvoll kleiner Bonbons (oder andere leichte Dinge) auf den Boden des Bechers.*

❺ *Geh nach draußen und schwinge den Becher so schnell wie möglich um deinen Kopf. Was passiert mit den Süßigkeiten?*

❻ *Was passiert, wenn du den Becher langsamer schwingst?*

FAZIT

Durch das Drehen des Bechers entsteht eine Kraft – die sogenannte **Zentrifugalkraft** –, die die Bonbons gegen den Becherboden drückt. Je schneller du den Becher drehst, desto stärker wird die Kraft. Wenn du langsamer wirst, sinkt der Becher und die Bonbons fallen heraus. Für die Bonbons fühlt sich die Zentrifugalkraft ähnlich an wie die Schwerkraft, die sie auf den Boden drückt. Für Astronauten könnte das Drehen im Weltraum genug Kraft erzeugen, damit Dinge nicht herumschweben und das Leben bequemer machen.

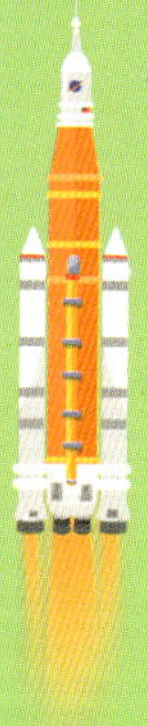

ZIEHE EINE ZERO-G-PFLANZE

Pflanzen könnten im Weltraum sehr nützlich sein, weil sie Sauerstoff produzieren, Kohlenstoffdioxid aufnehmen und Nahrung liefern. Aber auch Pflanzen finden die Schwerelosigkeit verwirrend. Probier es aus!

Du benötigst:

Grassamen

Eine dünne Strumpfhose

Wattebäusche

Eine Schere

Einen kleinen Blumentopf

Einen spitzen Bleistift

Eine Sprühflasche mit Wasser

Eine Schnur

Zwei Kleiderbügel

Zwei starke Büroklammern

1. *Drücke ein paar Wattebäusche zu einer größeren Kugel zusammen, etwa 10 cm groß. Besprühe die Kugel leicht mit Wasser, bis sie feucht ist (aber nicht tropfnass).*

2. *Streue Grassamen gleichmäßig über die Wattekugel.*

3. *Schneide etwa 20 cm von einem Bein der Strumpfhose ab, sodass du eine Art Socke hast. Lege die Wattekugel mit den Samen vorsichtig in den Boden der Socke.*

4. *Knote die Socke so knapp wie möglich an der Wattekugel zu und schneide das überschüssige Material ab.*

5 *Stich mit einem spitzen Bleistift Löcher in die Wattekugel.*

6 *Binde eine Schnur um die Mitte der Kugel und benutze eine Büroklammer, um die Schnur an einem Kleiderbügel zu befestigen.*

7 *Wiederhole die Schritte 1–6 und mache eine zweite Kugel, die an einem Kleiderbügel hängt.*

8 *Hänge beide Kugeln innen an einem sonnigen Ort auf. Besprühe sie jeden Tag mit Wasser, damit sie feucht bleiben. Dreh eine der Kugeln jeden Tag um 90 Grad, die andere lässt du in derselben Position.*

9 *Nach ein paar Tagen sollte das Gras aus beiden Kugeln sprießen. Was fällt dir an den Sprösslingen auf?*

FAZIT

Wenn ein Samen im Boden keimt, wachsen die Wurzeln nach unten und die Pflanze nach oben. Aber woher weiß die Pflanze, in welche Richtung sie wachsen soll? Wegen der Schwerkraft! Wenn du die Samen drehst, wachsen die Wurzeln und Sprösslinge immer der Schwerkraft folgend in verschiedene Richtungen. Im Weltraum passiert dasselbe: Ohne Schwerkraft wachsen die Wurzeln und Sprösslinge in alle Richtungen.

MONDLANDUNG

Artemis III wird die dritte Mission im Artemis-Programm sein, und die erste, die tatsächlich auf dem Mond landet! Vier Astronauten werden in einem Orion-Raumschiff von der Erde starten und in der Mondumlaufbahn an eine **Mondlandefähre andocken**, die „Starship Human Landing System" (SHLS) genannt wird und bereits im Mondorbit wartet. Das Orion-Raumschiff bleibt dann in der Umlaufbahn, während die Fähre zur Mondoberfläche hinabsinkt.

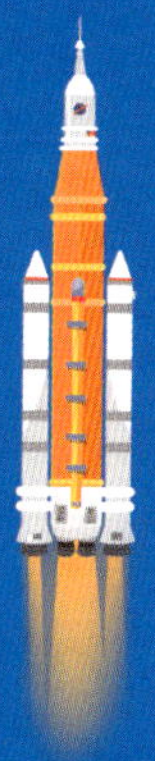

Die Mondlandefähre wird in der Nähe des Südpols des Mondes landen. Diese Region bietet mehr flaches, nicht felsiges Gelände und hat möglicherweise mehr Wasservorkommen, was sie zu einem idealen Ort für den Bau einer zukünftigen Mondbasis macht. Nach **Mondspaziergängen** und wissenschaftlichen Experimenten kehren die Astronauten in der Fähre zurück und docken erneut an das Orion-Raumschiff an.

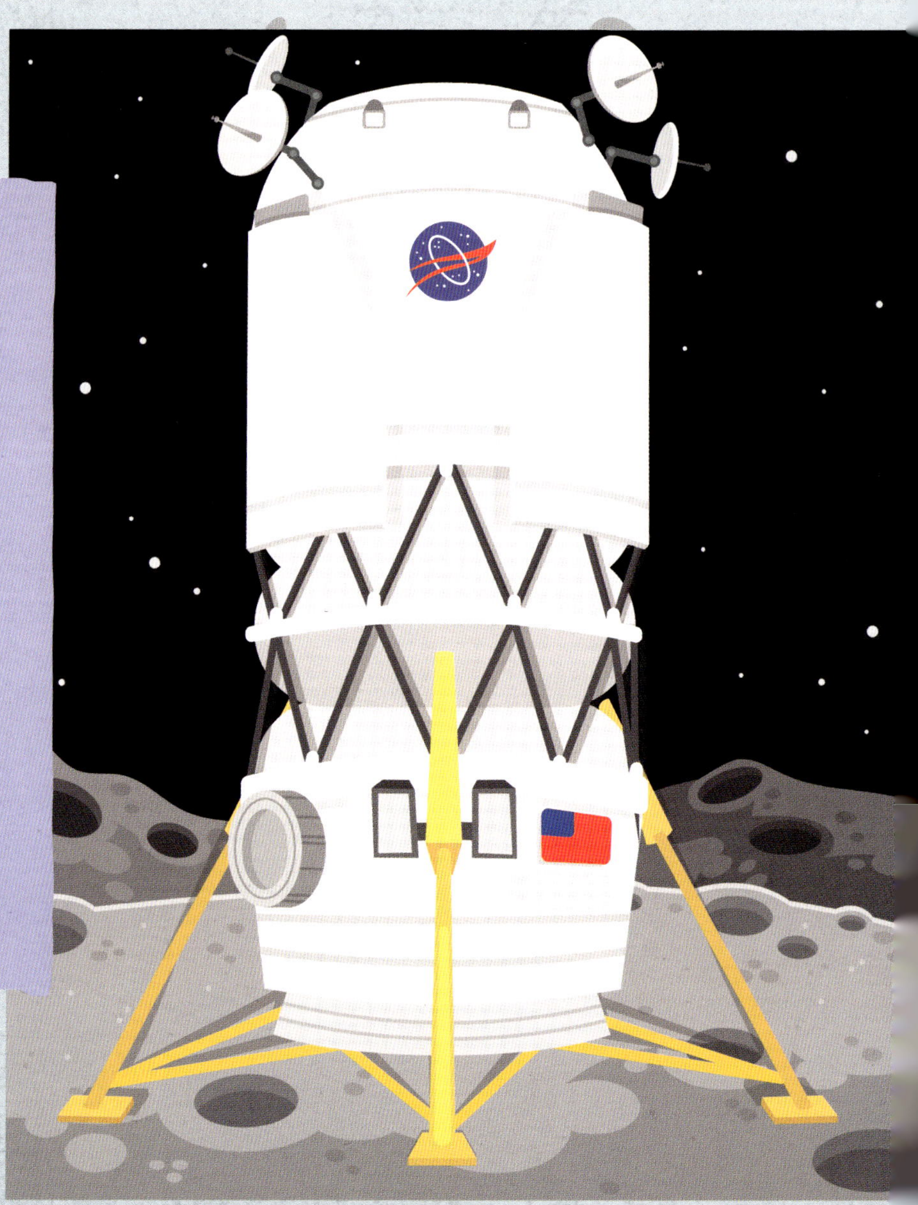

Während zwei Astronauten auf dem Mond landen, bleiben zwei weitere im Orion-Raumschiff, das die Umlaufbahn des Mondes umkreist. Orion wird dabei als Kommandostation für die Mondmission fungieren und die Vorräte und den Treibstoff für die Rückkehr der Astronauten zur Erde bereithalten.

Die Umlaufbahn, die das Orion-Raumschiff um den Mond nehmen wird, wird als „Nah-Rechteckige Halo-Umlaufbahn" (NRHO) bezeichnet. Sie hat eine lang gezogene, ovale Form. In dieser Umlaufbahn benötigt Orion 6,5 Tage, um eine **Umrundung** des Mondes durchzuführen. Dies gibt dem Team auf der Mondoberfläche Zeit, seine Experimente durchzuführen.

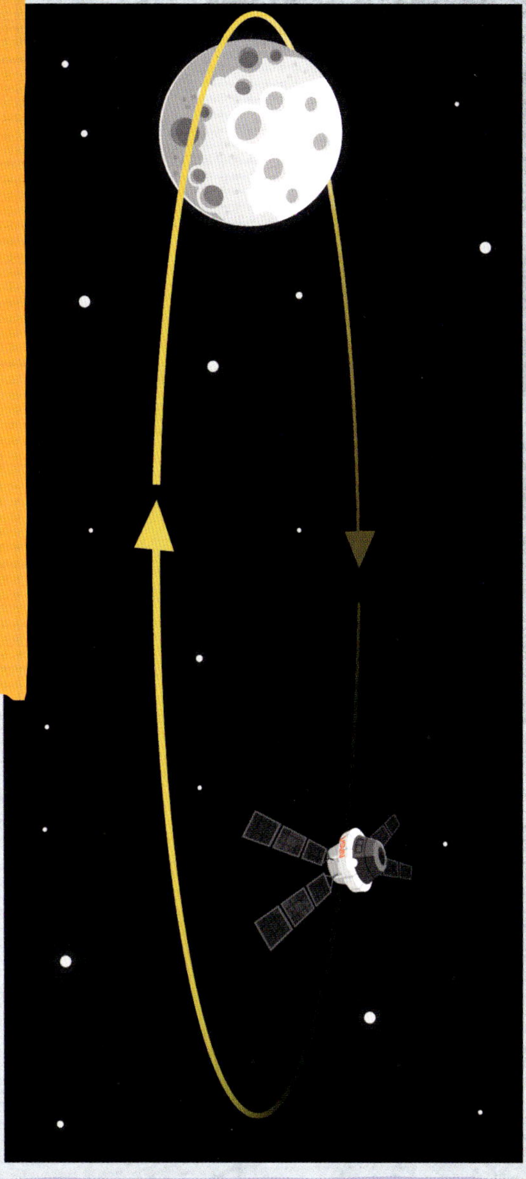

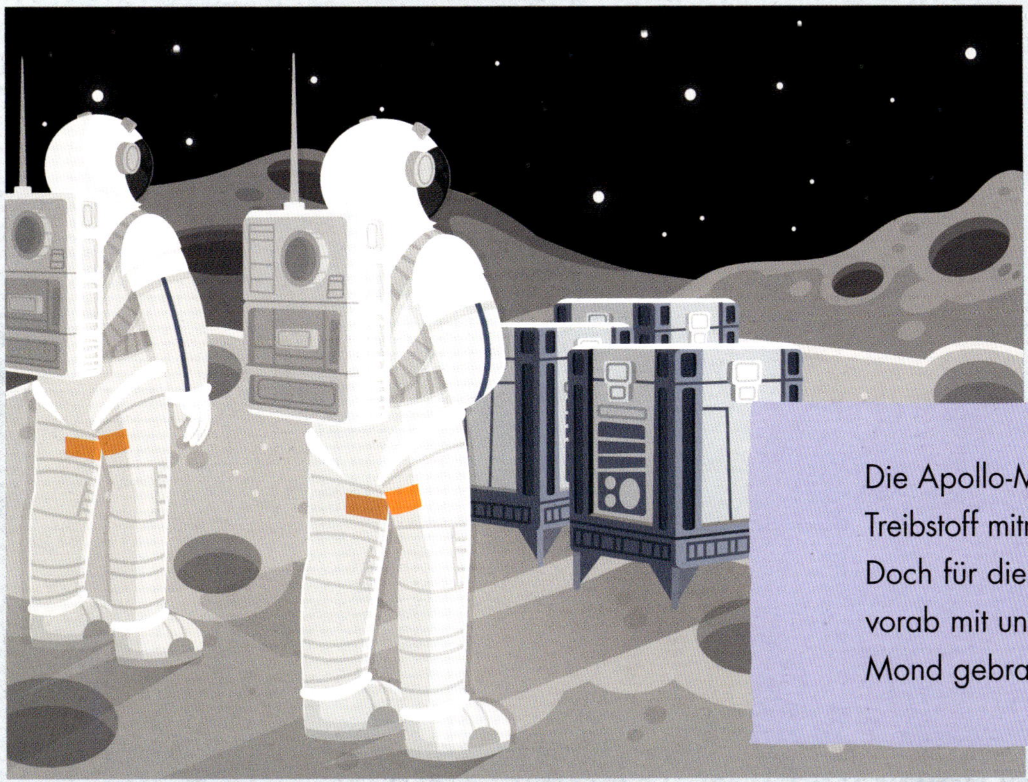

Die Apollo-Missionen mussten alle Vorräte und den Treibstoff mitnehmen, den die Astronauten benötigten. Doch für die Artemis-III-Mission werden die Vorräte vorab mit unbemannten Raumfahrzeugen auf den Mond gebracht.

MONDLANDESYSTEM

Das Mondlandesystem wird die Astronauten von der Umlaufbahn des Mondes hinunter zur Oberfläche bringen. So baust du dein eigenes Modell:

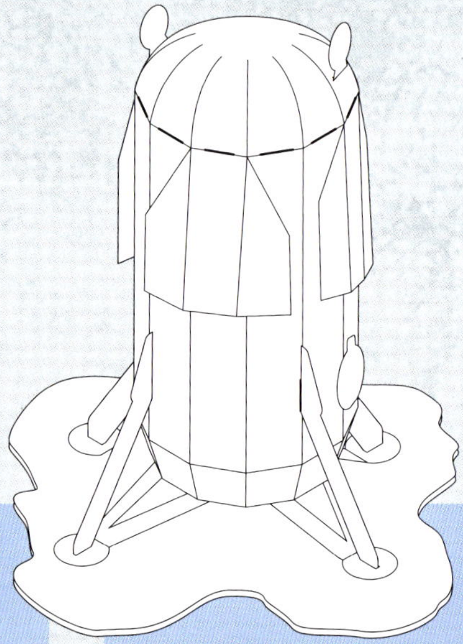

1 *Drücke Teil 1 heraus. Arbeite um den zentralen Kreis herum und stecke jede Lasche in den benachbarten Schlitz, um eine Röhre mit einem Deckel zu bilden. Dann stecke die seitlichen Laschen in die gegenüberliegenden Schlitze, um die Röhre zusammenzuhalten. Falte die unteren Laschen nach innen.*

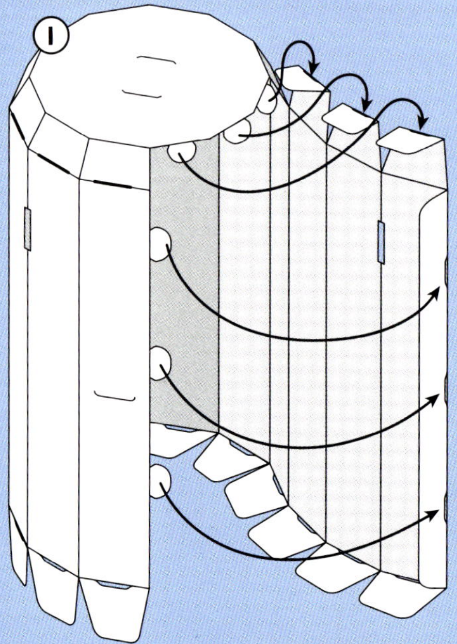

2 *Drücke Teil 2 heraus. Drehe Teil 1 um, sodass das offene Ende der Röhre nach oben zeigt. Stecke die Laschen rund um Teil 2 in die Schlitze am Ende von Teil 1, um ein abgerundetes Dach zu formen.*

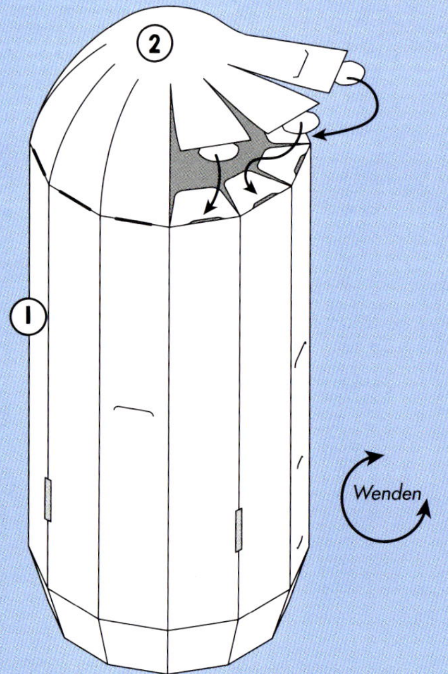

3 *Drücke die Teile 3–6 heraus und stecke sie in die Seiten von Teil 1, wie gezeigt. Drücke Teil 7 heraus und stecke es in Teil 1, um eine Luke zu schaffen. Drücke die Teile 8–9 heraus und füge sie dem Dach hinzu.*

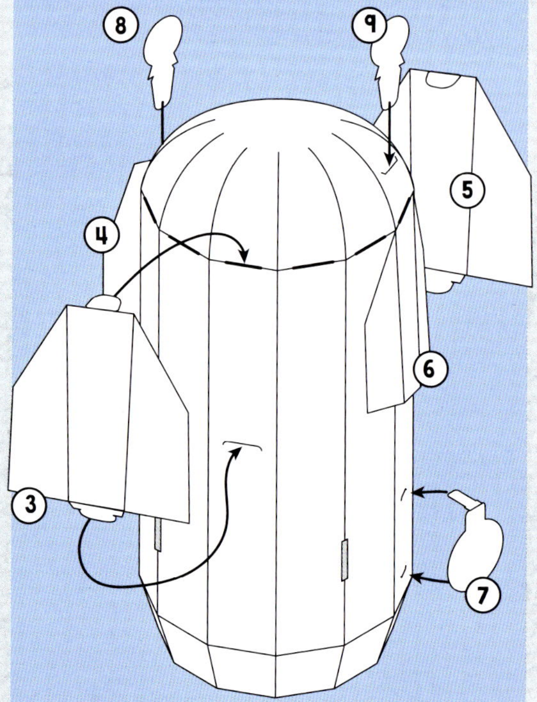

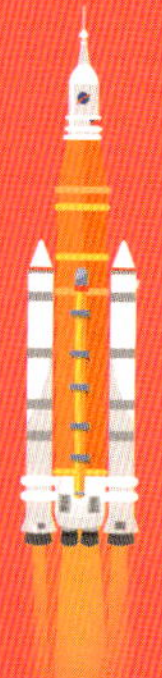

4 Drücke die Teile 10–13 heraus und falte jedes zur Hälfte, um vier Beine zu bilden. Stecke die Oberseite jedes Beins in die Schlitze um die untere Hälfte von Teil 1, wie gezeigt.

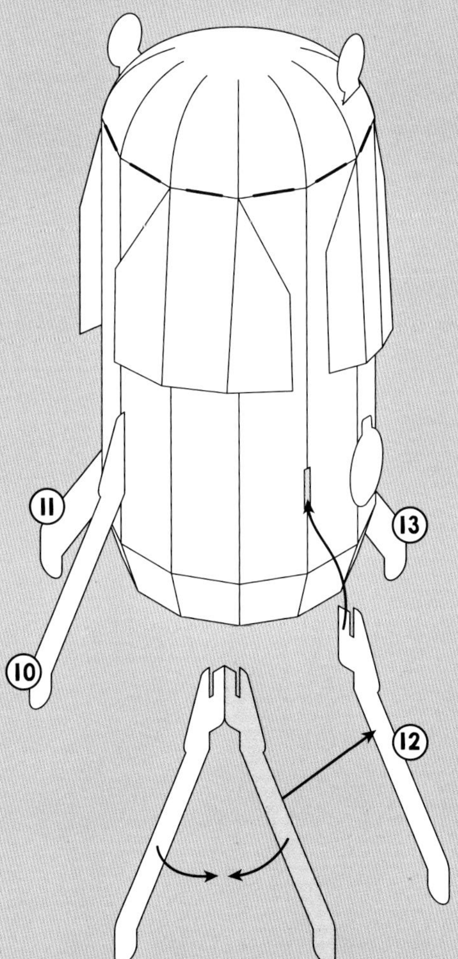

5 Drücke Teil 14 (die Leiter) heraus und stecke sie an die Seite. Drücke Teil 15 (die Basis) heraus und befestige es an den Enden der Beine. Falte die Laschen in der Mitte von Teil 15 nach oben, sodass sie in den Boden des Hauptkörpers einrasten.

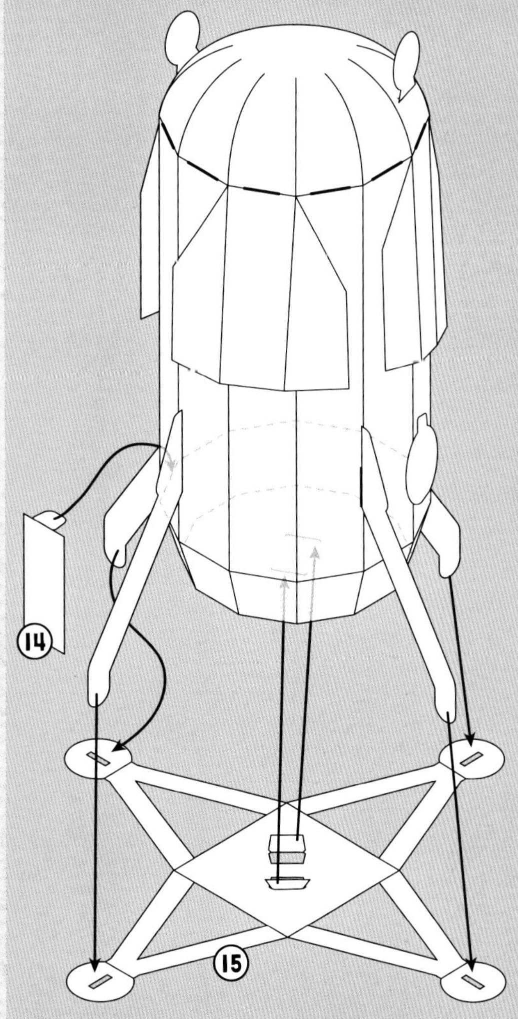

6 Finde die Landefläche auf deinem dicken Karton und drücke sie heraus. Entferne die kleinen losen Teile, um vier Schlitze in der Landefläche zu schaffen. Schiebe die Beine deines Landefahrzeugs in die Schlitze.

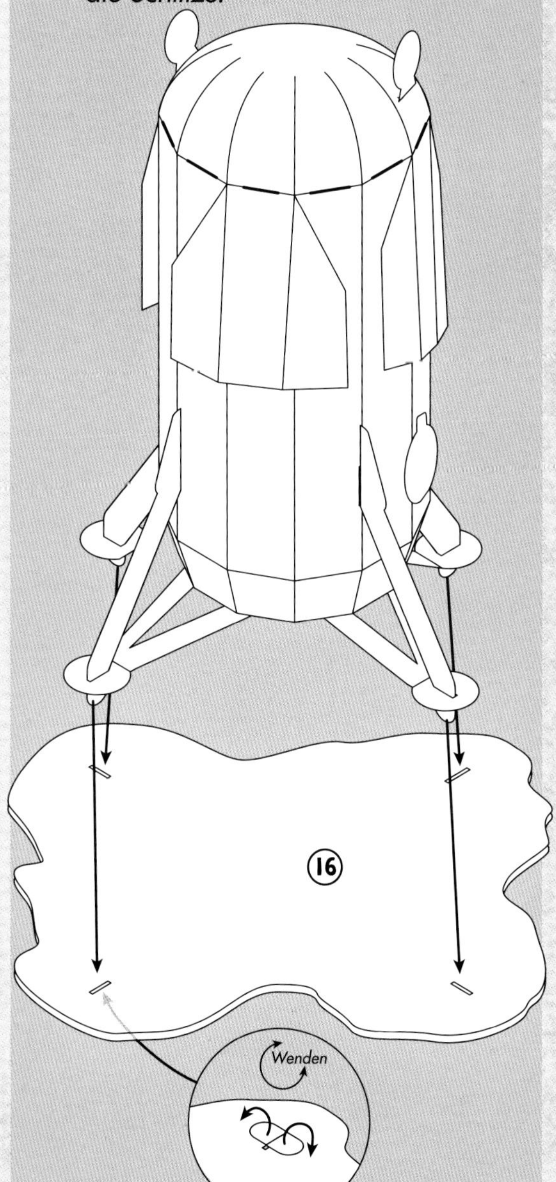

DIE MONDOBERFLÄCHE

Der Mond ist ein kalter, lebloser Ort, der von Kratern übersät und mit Mondstaub und Felsen bedeckt ist. Auf dem Mond zu leben, bringt viele Herausforderungen mit sich. Zum Glück wissen wir, worauf wir vorbereitet sein müssen!

Sauerstoff

Es gibt keine Luft auf dem Mond, sodass Astronauten ihren eigenen Sauerstoff mitbringen müssen. Dieser kann in Tanks von der Erde geliefert werden. Zukünftig könnte es möglich sein, Sauerstoff aus dem Mondboden zu gewinnen.

Geringe Schwerkraft

Die Schwerkraft des Mondes ist nur ein Sechstel so stark wie die der Erde. Das bedeutet, dass Menschen weite Distanzen springen und riesige Schritte machen können.

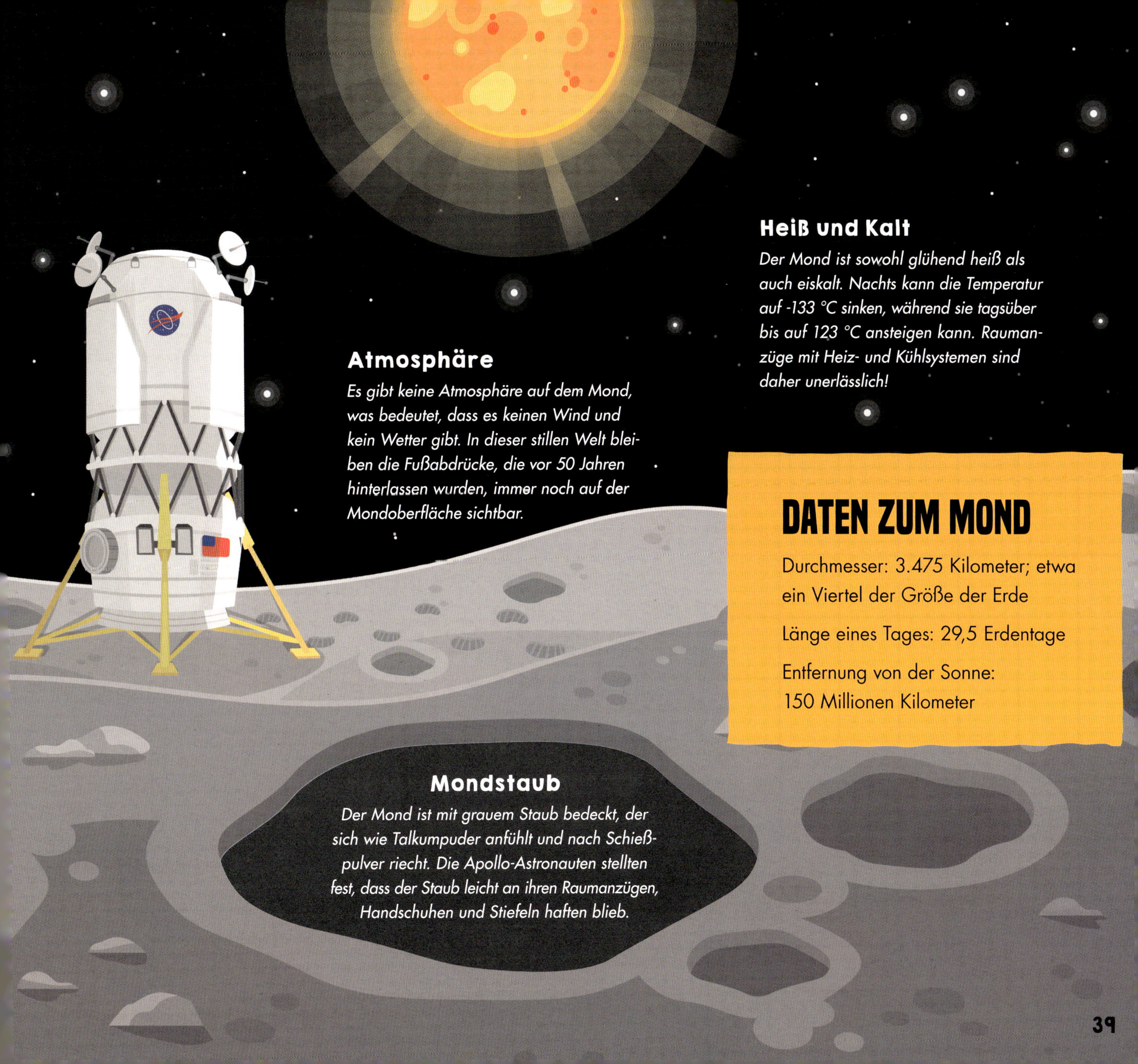

Heiß und Kalt

Der Mond ist sowohl glühend heiß als auch eiskalt. Nachts kann die Temperatur auf -133 °C sinken, während sie tagsüber bis auf 123 °C ansteigen kann. Raumanzüge mit Heiz- und Kühlsystemen sind daher unerlässlich!

Atmosphäre

Es gibt keine Atmosphäre auf dem Mond, was bedeutet, dass es keinen Wind und kein Wetter gibt. In dieser stillen Welt bleiben die Fußabdrücke, die vor 50 Jahren hinterlassen wurden, immer noch auf der Mondoberfläche sichtbar.

DATEN ZUM MOND

Durchmesser: 3.475 Kilometer; etwa ein Viertel der Größe der Erde

Länge eines Tages: 29,5 Erdentage

Entfernung von der Sonne: 150 Millionen Kilometer

Mondstaub

Der Mond ist mit grauem Staub bedeckt, der sich wie Talkumpuder anfühlt und nach Schießpulver riecht. Die Apollo-Astronauten stellten fest, dass der Staub leicht an ihren Raumanzügen, Handschuhen und Stiefeln haften blieb.

BAUE EINE MONDLANDSCHAFT

Die Mondoberfläche unterscheidet sich stark von jeder Landschaft auf der Erde. Landschaften auf der Erde werden durch Wind und Wasser geformt und von Lebewesen beeinflusst. Der Mond ist trocken und kalt, ohne Wind und ohne Leben. Seine Oberfläche wurde hauptsächlich durch Vulkane und Asteroideneinschläge geformt. Hier kannst du dir eine eigene Miniatur-Mondlandschaft erschaffen:

Du benötigst:

Ein Backblech mit Rand
Backpapier oder Alufolie
Mehl
Ein Sieb
Feinen Sand
Weißleim
Kies
Kleine Steine
Ein Spielzeugauto

1. *Nimm das Backblech und decke es mit einer Schicht Folie oder Backpapier ab, um es zu schützen. Dies ist der Megaregolith, die Gesteinsschicht in der Mondkruste.*
2. *Verteile eine etwa 1 cm dicke Mehlschicht auf der Oberfläche des Blechs. Der Mond wird seit Milliarden von Jahren von Asteroideneinschlägen bedeckt, die eine feine Staubschicht hinterlassen haben.*
3. *Wähle eine Fläche aus und gieße eine kleine Pfütze Leim darauf. Lass den Kleber trocknen, um eine flache, harte Fläche zu schaffen. Diese repräsentiert die dunklen Mondmeere, die durch Lavaflüsse entstanden sind.*
4. *Siebe eine dünne Sandschicht über das Mehl. Dies stellt größere Gesteinsfragmente dar, die durch Einschläge entstanden sind.*
5. *Verteile einige größere Kieselsteine, um Felsen darzustellen, die durch Asteroideneinschläge oder Vulkanausbrüche herausgeschleudert wurden.*

6 *Nimm ein paar kleine Steine und halte sie über das Backblech. Lass sie einen nach dem anderen in das Mehl fallen. Sie werden beim Landen kleine Krater bilden, wie die Asteroiden, die auf die Mondoberfläche fallen.*

7 *Fahre mit deinem Spielzeugauto über die Mondoberfläche. Und? Wie einfach geht das? Du wirst merken, dass die Räder im Mehl stecken bleiben und die Felsen schwer oder gar nicht zu überwindende Hindernisse darstellen. Fahrzeuge auf dem Mond müssen mit all diesen Schwierigkeiten und noch mehr umgehen können!*

FAZIT

Der Mond entstand ungefähr zur gleichen Zeit wie die Erde und ist somit etwa 4,5 Milliarden Jahre alt. Die Erdoberfläche wird von der Atmosphäre geschützt, die die meisten Weltraumgesteine verbrennt, bevor diese auf die Erde treffen können. Der Mond hingegen hat nur eine sehr dünne Atmosphäre, die kaum Schutz bietet. Deshalb wurde er über Milliarden von Jahren von Meteoriten, Asteroiden und Kometen bombardiert.

Sichere Landung

Als Neil Armstrong und Buzz Aldrin auf dem Mond landen wollten, stellte sich der ursprünglich geplante Landeplatz als zu felsig heraus, um sicher landen zu können. Armstrong musste das Raumschiff – „Eagle“ genannt – um den Mond herum steuern, um eine besser geeignete Stelle für die Landung zu finden.

MONDSPRUNG

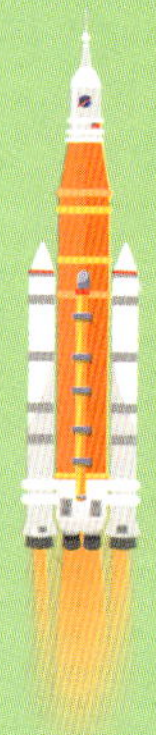

Wenn du jemals Videos von Astronauten auf dem Mond gesehen hast, ist dir bestimmt aufgefallen, dass sie sich seltsam fortbewegen. Bei jedem Schritt scheinen sie in Zeitlupe zu hüpfen. Der Grund dafür ist die geringe Schwerkraft auf dem Mond. Berechne hier, wie du unter der Mondgravitation springen würdest.

Du benötigst

Einen Meterstab

Einige dicke Bücher

Einen Freund

Einen Taschenrechner

Ein Maßband

1. *Such dir einen Ort mit ausreichend Platz zum Springen. Staple die Bücher zu zwei Stapeln und klemme den Meterstab dazwischen, sodass er aufrecht steht.*

2. *Stell dich neben den Meterstab und spring so hoch du kannst gerade in die Luft. Bitte deinen Freund, genau zu beobachten und zu sehen, wie hoch deine Füße vom Boden abheben.*

3. *Schreib die Höhe deines höchsten Sprungs auf. Probiere es ein paar Mal, um dein bestes Ergebnis zu erreichen!*

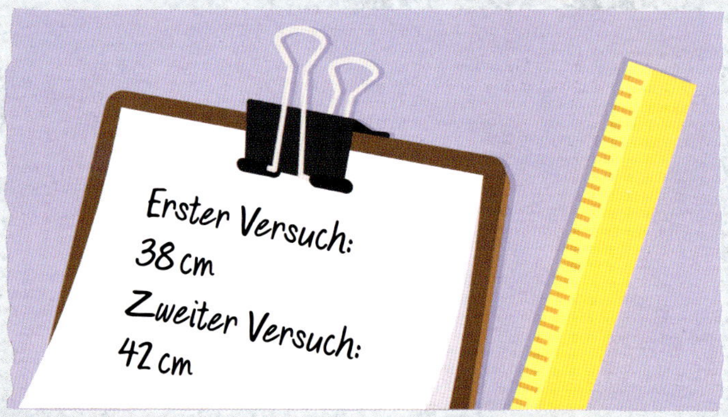

4 *Berechne nun mit einem Taschenrechner, wie hoch du auf dem Mond springen könntest. Verwende dafür die folgende Formel:*
Mond-Sprunghöhe = 6 x Erd-Sprunghöhe
Wenn du auf der Erde zum Beispiel 50 Zentimeter in die Luft springst, würde dich dein Sprung auf dem Mond 50 x 6 = 300 Zentimeter, also 3 Meter hoch bringen!

5 *Miss mit dem Maßband die Länge, die du gerade berechnet hast, um zu zeigen, wie hoch dein Sprung auf dem Mond wäre. Beeindruckend, oder?*

FAZIT

Die Schwerkraft ist eine Kraft, die Objekte zusammenzieht. Je größer das Objekt, desto stärker ist die Anziehungskraft. Wenn du springst, zieht die Erdanziehungskraft dich wieder zurück zum Boden. Der Mond hat etwa ein Sechstel der Masse der Erde, daher zieht er Objekte nur mit einem Sechstel der Schwerkraft an. Das bedeutet, dass Astronauten auf dem Mond sechsmal höher springen und länger in der Luft bleiben können.

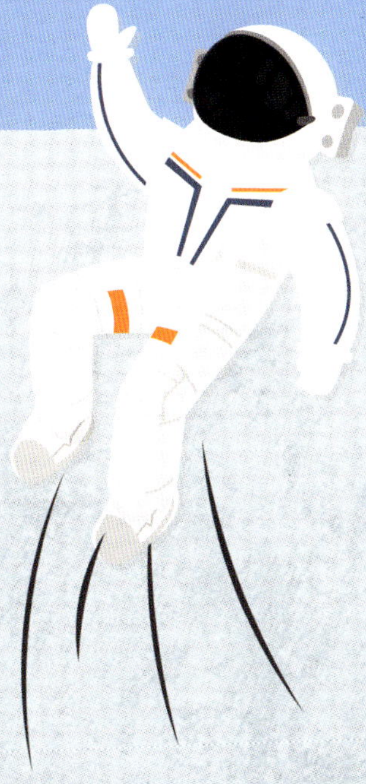

LEBEN AUF DEM MOND

Der Südpol des Mondes bietet den besten Ort für eine Mondbasis. Hier scheint die Sonne fast ununterbrochen, was reichlich Solarenergie liefert. Er ist auch der wahrscheinlichste Ort, um Wasser zu finden, was für eine langfristige Basis unerlässlich wäre.

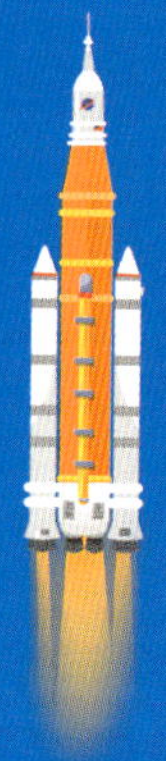

STROMVERSORGUNG

Eine Mondbasis am Südpol wird ihre Energie durch Solarzellen erzeugen. Falls zusätzliche Energie benötigt wird, kommt ein kleines Kernspaltungssystem zum Einsatz, das Strom durch die Spaltung von **Uranatomen** erzeugt.

*Neben Trinkwasser könnte Wasser auch in seine chemischen Bestandteile aufgespalten werden: **Wasserstoff** und Sauerstoff, um Atemluft und Treibstoff für Raketen zu liefern.*

Das 40-Kilowatt-Kernspaltungssystem wird genug Energie liefern, um 30 Haushalte für zehn Jahre zu versorgen.

WASSERVERSORGUNG

Eis aus Wasser ist ein wertvoller Rohstoff, der tief in einigen Mondkratern liegt. Hier enthält der Mondboden kleine Eiskörner. Hohe Türme mit Spiegeln könnten das Sonnenlicht bündeln, um den Boden zu erhitzen. Der aufsteigende **Wasserdampf** würde in zeltähnlichen Abdeckungen gesammelt und in Tanks weitergeleitet werden.

EINE BESSERE AUSSICHT

Radioteleskope auf dem Mond könnten uns einen klaren Blick auf das **Universum** ermöglichen, ohne die **Lichtverschmutzung** und Radiowellen, die Teleskope auf der Erde stören.

LIEFERUNG VON VORRÄTEN

Um die ersten Artemis-Astronauten auf dem Mond zu unterstützen, werden unbemannte Raumfahrzeuge am Südpol Nachschub anliefern. Mit der Zeit wird dort ein Landeplatz für Raketen gebaut, die weitere Vorräte und Astronauten liefern.

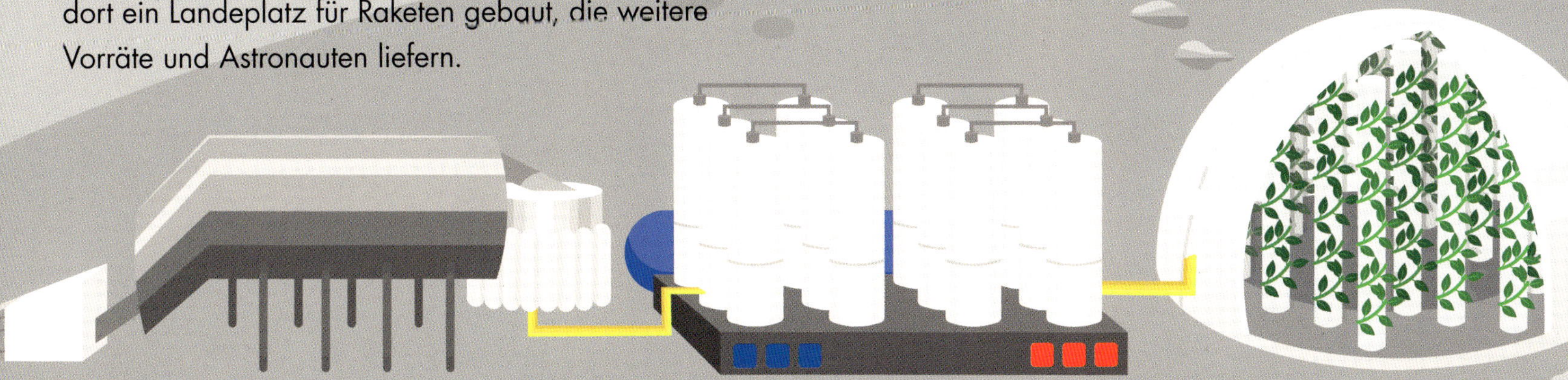

ANBAU VON NUTZPFLANZEN

Bei allen Mondmissionen müssen die Menschen Lebensmittel von der Erde mitbringen. Vor kurzem ist es Wissenschaftlern jedoch gelungen, in Monderde eine Pflanze zu züchten. Also könnten künftige Nutzpflanzen auf dem Mond in **Biodomen** angebaut werden.

DIE MONDBASIS

Der Bau einer Mondbasis mag wie eine Mammutaufgabe erscheinen. Ist es überhaupt möglich, alle Materialien von der Erde zu transportieren? Experten sagen, dass dies nicht nötig sein könnte. Alles, was man bräuchte, wäre ein robotischer 3D-Drucker auf Rädern und viel Mondboden.

Mondbasis

Um die Gebäude zu errichten, könnten Roboter Mondboden aufsaugen, zu Beton vermischen und den Beton dann wie ein 3D-Drucker aufspritzen.

Landefläche

In der Nähe wird eine Landefläche aus 3D-Kacheln mit Lüftungsschlitzen gebaut, um den glühend heißen Raketenausstoß von der Basis wegzuleiten.

Einige Gebäude könnten mit blütenförmigen Teilen bedeckt werden, die sich bei extremen Temperaturen biegen können.

Mondhaus

Das dreistöckige Gebäude, die „Mondlaterne“, wurde entworfen, um ein perfektes Zuhause zu bieten. Es wird ein Badezimmer, eine Küche, ein Wohnzimmer und Schlafkapseln mit Bildschirmen zur Entspannung enthalten. Sportgeräte helfen den Bewohnern, fit zu bleiben!

Testlauf

Im Jahr 2023 wurde ein **Prototyp** *eines Gebäudes für Mond- und Marsbasen von einem 3D-Drucker in Texas gebaut. Die Struktur (Mars Dune Alpha), enthält Quartiere, eine Arbeitsstation und einen Raum zum Anbau von Nahrungsmitteln. Vier Astronauten testeten die Prototypenbasis 12 Monate.*

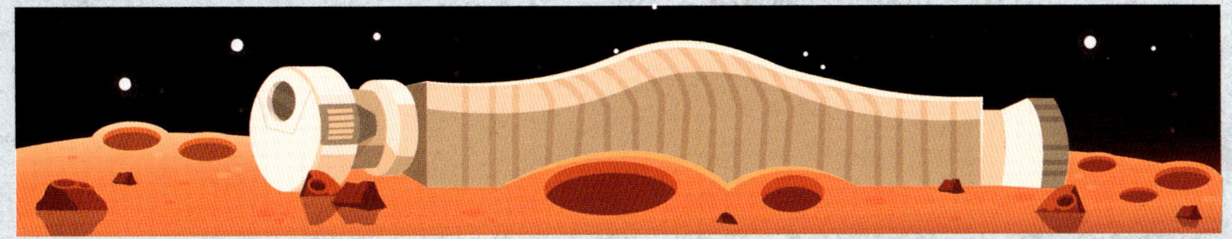

Mondlabor

Astronauten werden ein Mondlabor nutzen, um Gestein und Boden zu erforschen, Experimente zum Anbau von Nahrungsmitteln durchzuführen und herauszufinden, wie man am besten für längere Zeit auf dem Mond lebt.

MONDBASIS

Eine Mondbasis benötigt viel Wohnraum sowie Strom, Kommunikationsausrüstung, Labore und eine Landeplattform für Versorgungsraumschiffe. Wie würdest du deine Basis gestalten?

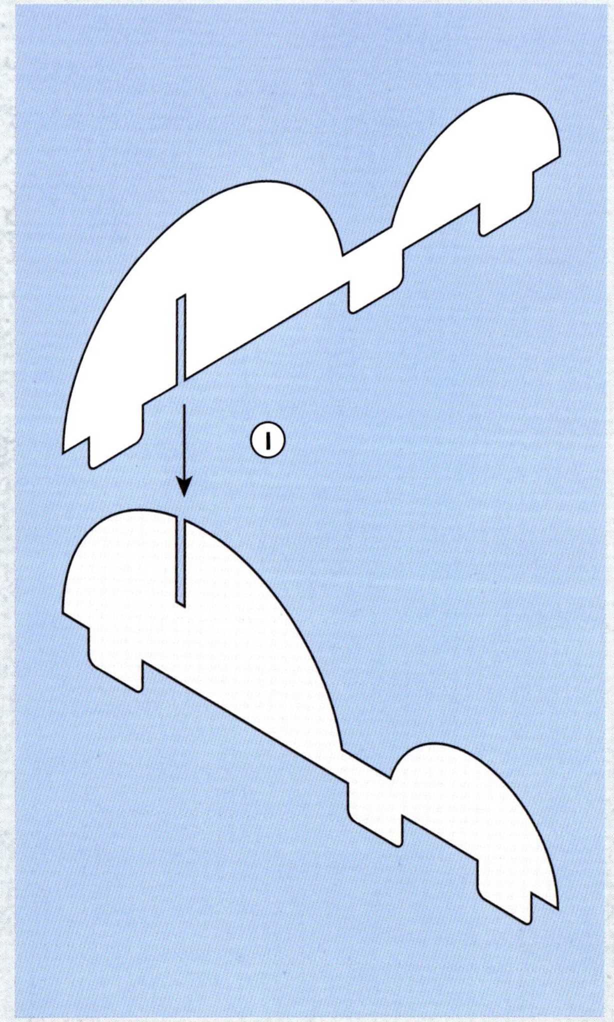

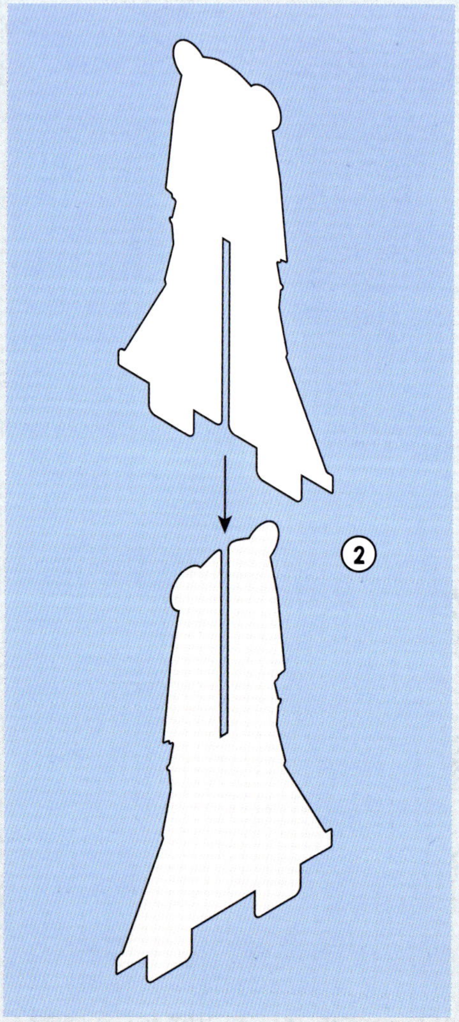

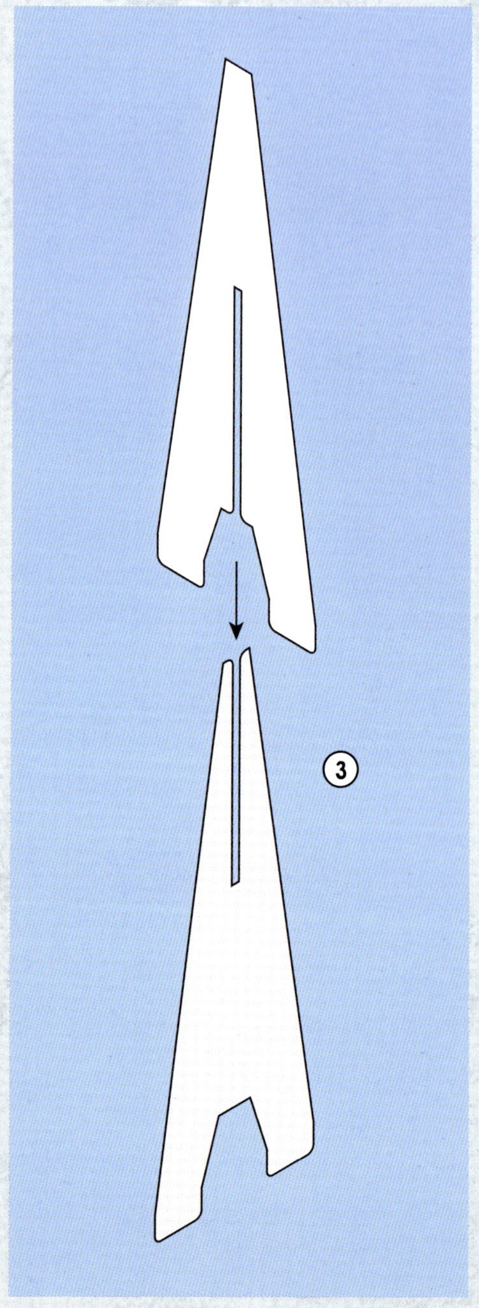

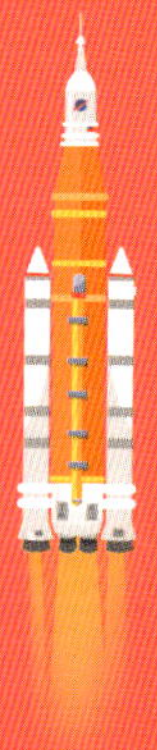

❶ *Drücke die zwei Biodom-Teile heraus und stecke sie zusammen.*

❷ *Drücke die zwei Landefahrzeug-Teile heraus und stecke sie zusammen.*

❸ *Drücke nun die zwei Teile des Funkturms heraus und verbinde auch sie.*

4 *Drücke die Astronauten, den Mondrover und die Sonnenkollektoren heraus. Stecke die Laschen an der Unterseite jedes Teils in die Schlitze in der Schublade, die in deiner Schachtel enthalten ist. Ordne die Teile an, wie du möchtest, um deine eigene Mondbasis zu erschaffen!*

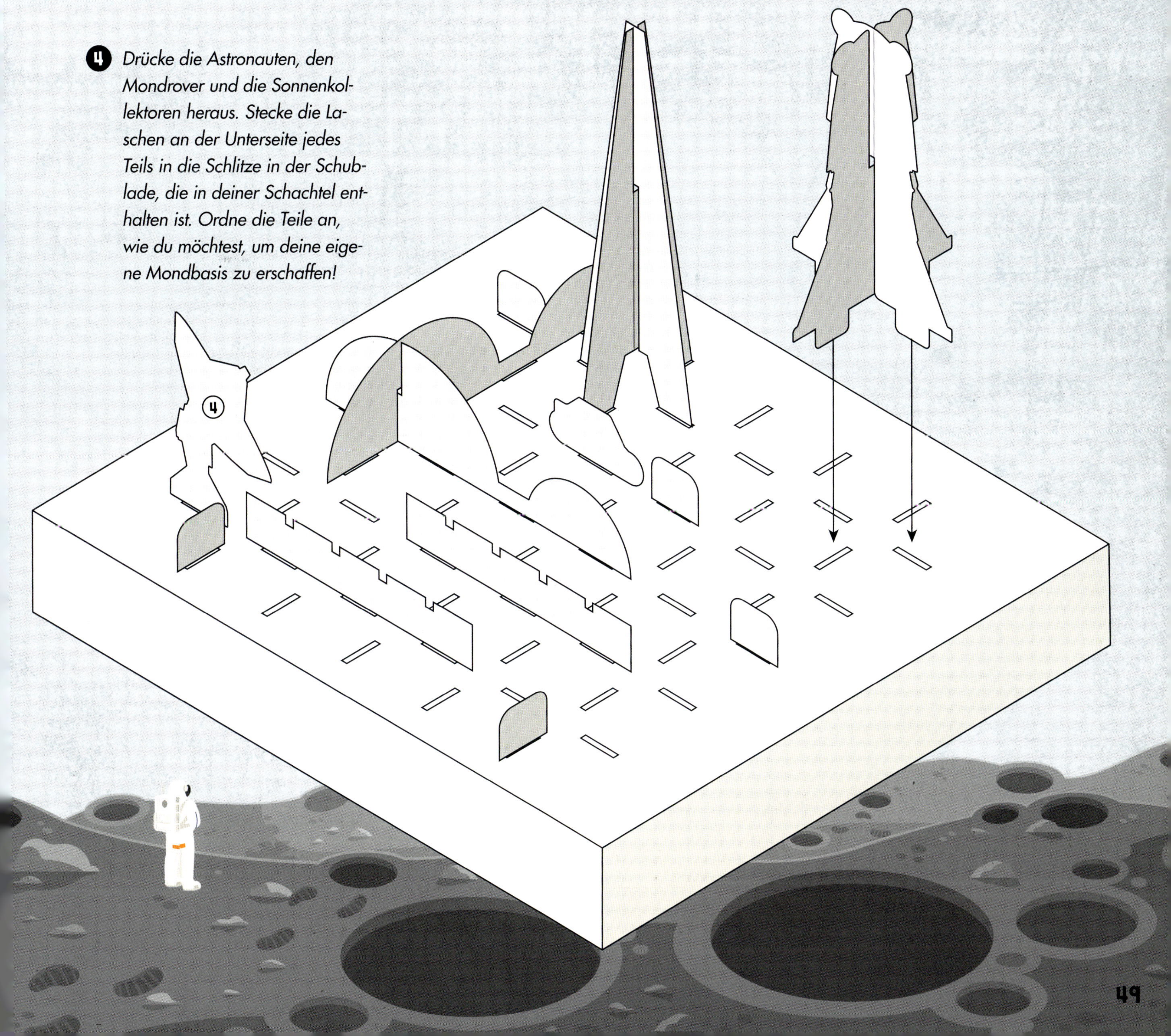

BAUE EIN BIODOM

Da es auf dem Mond weder Sauerstoff noch Wasser gibt, müssen Mondkolonien alles, was sie von der Erde mitbringen, mit minimalem Abfall wiederverwenden. Zum Glück ist die Natur sehr gut darin, selbsterhaltende Systeme zu erschaffen. Probiere es selbst aus!

Du benötigst:

Ein großes Glas mit Schraubdeckel

Eine Handvoll Kieselsteine

Aktivkohle (erhältlich im Gartencenter)

Einen Löffel mit langem Griff

Blumenerde

3 oder 4 kleine Pflanzen: Langsam wachsende Sukkulenten sind eine gute Wahl; frage im Gartencenter nach Vorschlägen.

Dekorationen deiner Wahl

1. *Stelle sicher, dass dein Glas sauber und trocken ist. Lege zuerst eine Handvoll Kieselsteine auf den Boden des Glases.*
2. *Bedecke die Kieselsteine mit einer dünnen Schicht Aktivkohle. Diese hilft, Algen und Schimmel zu verhindern.*
3. *Bedecke die Aktivkohle mit einer Schicht Blumenerde. Du brauchst genug Erde, um die Wurzeln deiner Pflanzen zu bedecken. Diese Schicht sollte mindestens so tief sein wie die Töpfe, aus denen deine Pflanzen stammen. Sprühe dann etwas Wasser auf die Erde, damit sie feucht, aber nicht durchnässt ist.*
4. *Benutze den Löffel, um kleine Löcher in die Erde zu machen, und setze deine Pflanzen vorsichtig hinein. Achte darauf, dass die Pflanzen nicht zu dicht beieinanderstehen oder gegen die Wände des Glases gedrückt werden.*
5. *Füge alle Dekorationen hinzu, die du magst! Kleine Spielzeugastronauten, Dinosaurier, bunte Kieselsteine – alles, was ein bisschen nass werden darf, ist geeignet.*
6. *Schraube den Deckel fest auf das Glas. Stelle dein Biodom an einen hellen Ort, aber nicht direkt in die Sonne. Die Pflanzen werden darin Luft und Wasser recyceln!*

Beobachte dein Biodom. Wenn die Wände des Glases beschlagen sind und sich grün verfärben, ist vielleicht zu viel Wasser darin. Öffne den Deckel, wische die Wände ab und lass das Glas für ein paar Stunden offen stehen, damit es ein wenig trocknet, bevor du es wieder verschließt. Wenn die Pflanzen welk aussehen, haben sie vielleicht zu wenig Wasser. Öffne den Deckel, sprühe etwas Wasser auf die Pflanzen und verschließe es wieder.

FAZIT

Pflanzen nehmen Sonnenlicht auf, das sie nutzen, um Kohlendioxid und Wasser in Pflanzennahrung umzuwandeln. Wenn die Pflanze diese Nahrung zum Wachsen verwendet, gibt sie Kohlendioxid und Wasser zurück ins System. Solange kein Wasser entweicht, kann dein Biodom jahrelang überleben und weiterwachsen, ohne dass es etwas von außen braucht. Ähnliche Systeme könnten auf dem Mond genutzt werden, um Luft und Wasser zu recyceln.

ENTWIRF EIN MONDHABITAT

Da es auf dem Mond keine Atmosphäre gibt, muss jeder Lebensraum mit Luft gefüllt sein, damit die Menschen darin atmen können. Diese Luft wird auf die Wände des Habitats drücken, wie die Luft in einem Ballon. Kannst du ein Mondhabitat entwerfen, das dem Luftdruck standhalten kann?

Du benötigst:

Viele Mini-Marshmallows

Viele Zahnstocher

2 Luftballons

Eine Ballonpumpe

1. *Beginne mit dem Bau des Rahmens deines Habitats, indem du die Zahnstocher in die Marshmallows steckst, um sie miteinander zu verbinden. Du kannst jedes Design verwenden, aber um es fair zu testen, achte darauf, dass der Raum im Inneren nicht größer ist als der voll aufgeblasene Ballon. Denke daran, einen Boden zu bauen, und lass im Inneren genug Platz für deine Astronauten.*

2. *Wenn du mit deinem Rahmen zufrieden bist, lege den unaufgeblasenen Ballon hinein, wobei dessen Öffnung herausragt.*

3. *Schließe die Öffnung des Ballons an deine Pumpe an und blase ihn auf! Wenn der Ballon groß genug wird, beginnt er, gegen den Rahmen deines Habitats zu drücken. Wie viele Pumphübe kannst du machen, bevor der Rahmen auseinanderfällt?*

4. *Untersuche dein eingestürztes Habitat sorgfältig. Welche Teile der Struktur sind zerbrochen, und welche haben gehalten?*

5. *Baue ein neues Habitat mit dem Wissen, das du nun hast, und teste es mit einem weiteren Ballon. Wie stabil kannst du es machen? Was passiert, wenn du die Außenseite deines Habitats vor dem Testen in Folie oder Papier einwickelst?*

FAZIT

Raumfahrtingenieure verwenden viele Techniken, um sicherzustellen, dass ihre Konstruktionen dem Druck von innen standhalten. Sie richten die Verbindungen so aus, dass jede Verbindung verstärkt wird. Eine weitere Taktik ist die Verwendung von Verbundwerkstoffen, die zwei verschiedene Materialien mischen, um die besten Eigenschaften von beiden zu nutzen. Zum Beispiel können starke, flexible Fäden dazu beitragen, hartes, sprödes Plastik zu verstärken. Ecken sind oft Schwachstellen, also verleihen abgerundete Kanten ebenfalls zusätzliche Stabilität.

ERKUNDUNG DES MONDES

Um die Mondoberfläche zu erkunden, müssen Artemis-Astronauten Raumanzüge tragen, die alle Lebenserhaltungssysteme bieten, die für das Überleben notwendig sind. Sie werden auch mit einem brandneuen Mondfahrzeug – sein offizieller Name ist Moonrover **Lunar** Terrain Vehicle – fahren, um mehr von der Mondoberfläche zu erkunden.

MONDROVER

Der Artemis-Mondrover wird sowohl ein Auto als auch ein Roboter sein, sodass er Experimente durchführen und Bodenproben sammeln kann, selbst wenn er alleine fährt. Der Rover wird außerdem so gebaut sein, dass er dem felsigen **Gelände** des Mondes standhält und eine Höchstgeschwindigkeit von 15 km/h erreicht.

Mond-Raumanzug

Der Raumanzug, den die Astronauten der Artemis-III-Mission tragen werden, ist weiß, um die Hitze der Sonne zu reflektieren. Der transparente Helm wird mit Lichtern ausgestattet sein, um in die dunklen Krater schauen zu können.

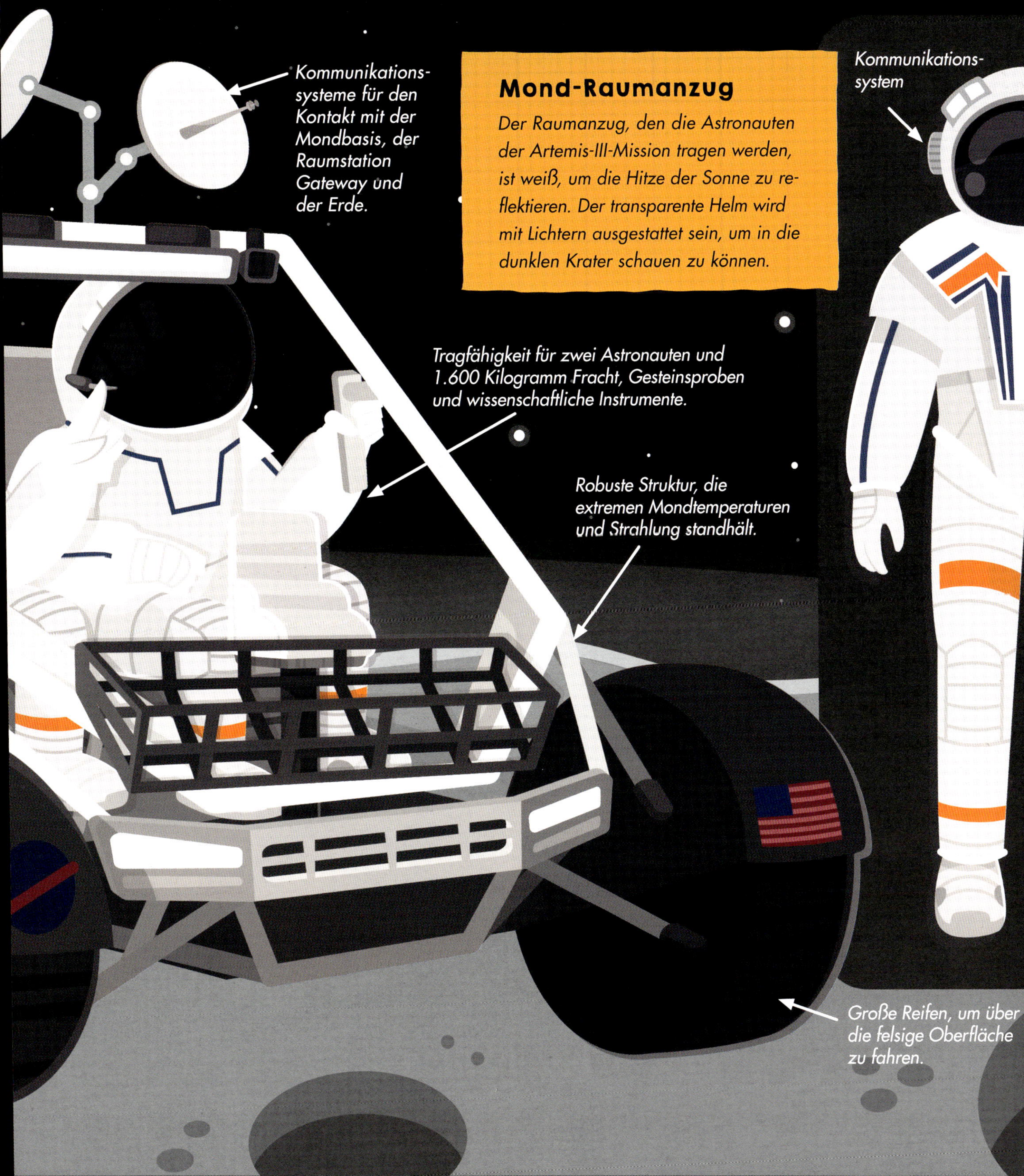

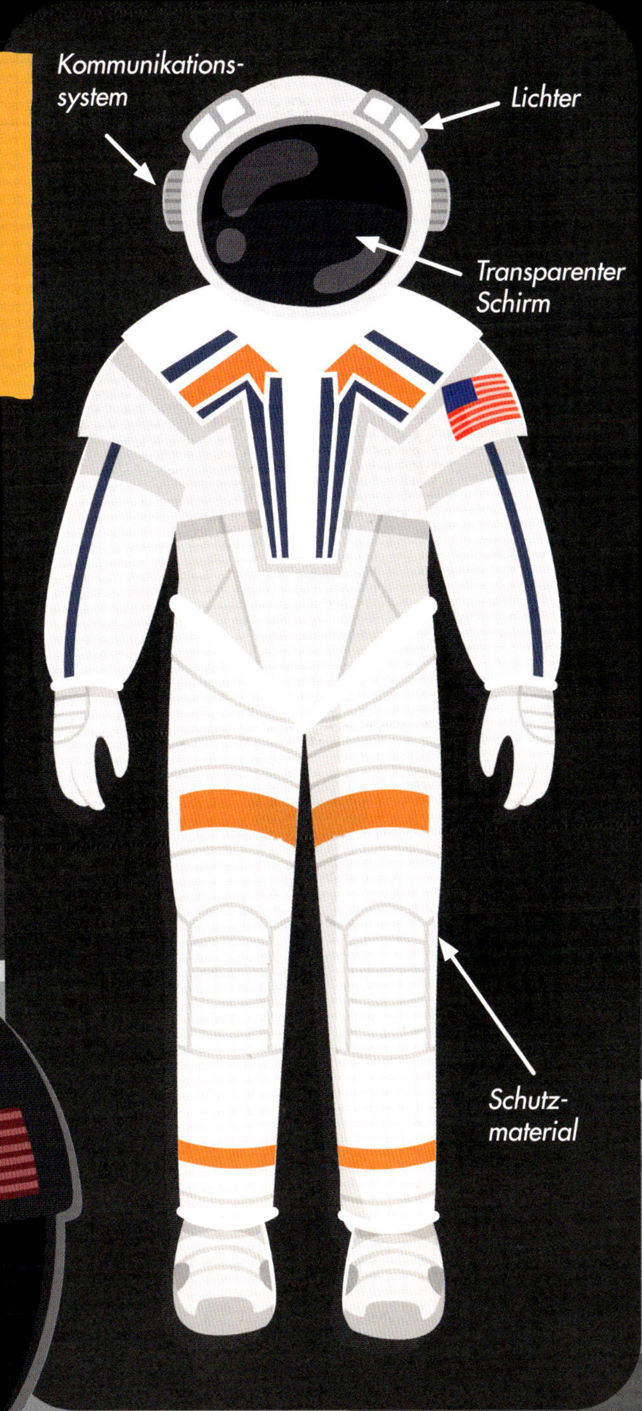

BAUE EINEN MONDROVER

Der hochmoderne Mondrover ermöglicht Astronauten, eine breite Fläche auf der Mondoberfläche zu erkunden. Hier erfährst du, wie du dein eigenes Modell bauen kannst.

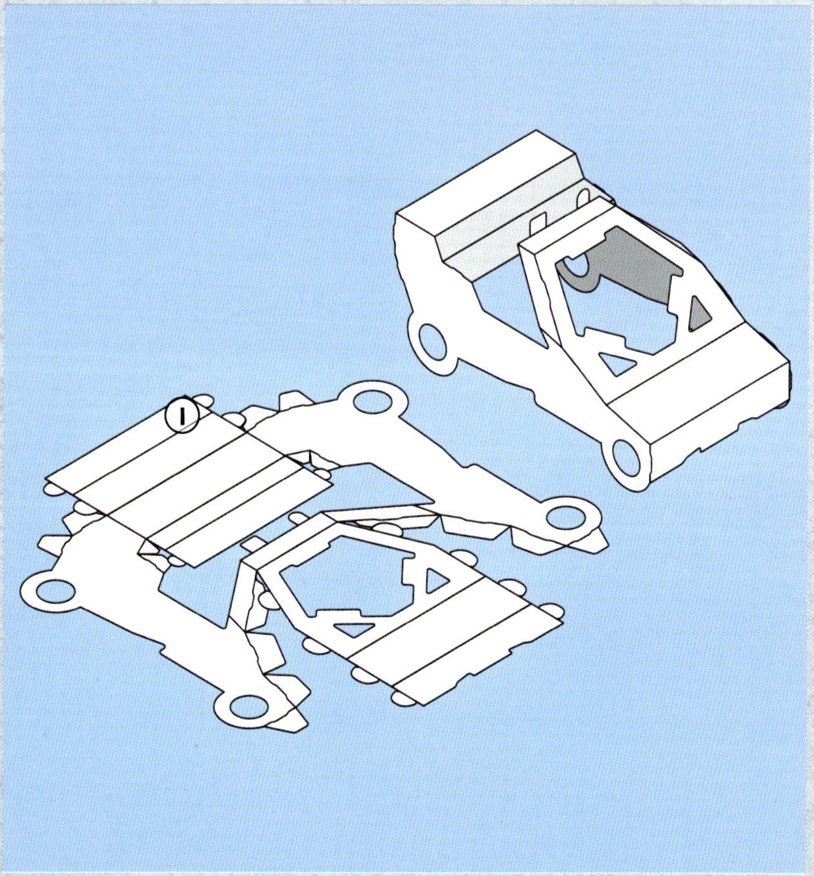

1 *Drücke Teil 1 heraus. Schiebe die Laschen in die Schlitze und ordne sie entlang der Buchstaben an, um den Rumpf des Rovers zu bauen.*

2 *Drücke die Teile 2–5 (Räder) heraus. Drücke die Laschen in der Mitte des Rades nach außen.*

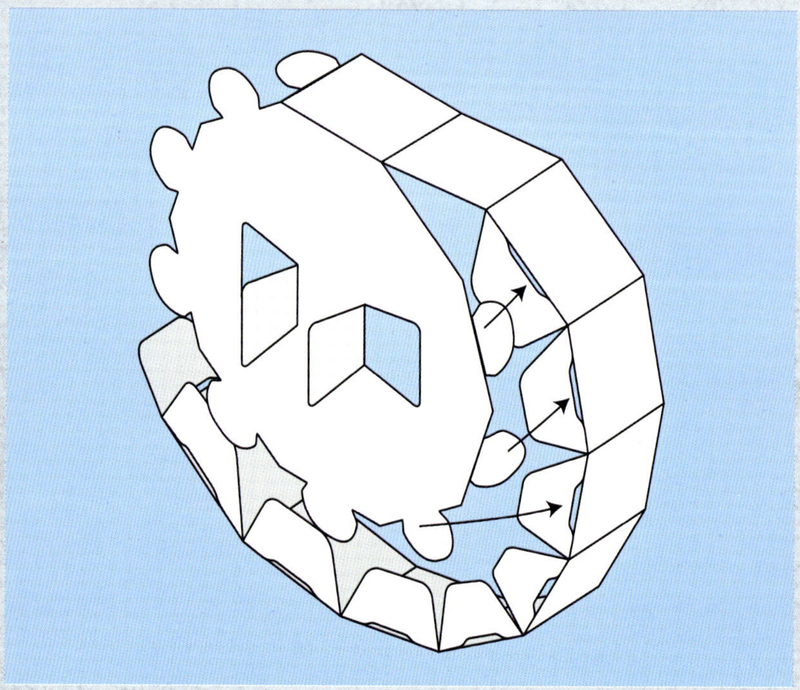

3 *Falte den langen Streifen an jeder Falz und stecke die Laschen am Radmittelteil in die geschlitzten Laschen am Außenstreifen.*

4 *Falte die gegenüberliegende Seite des Rades nach unten und stecke die Laschen in die Schlitze des Reifens für ein vollständiges Rad. Wiederhole dies für vier Räder.*

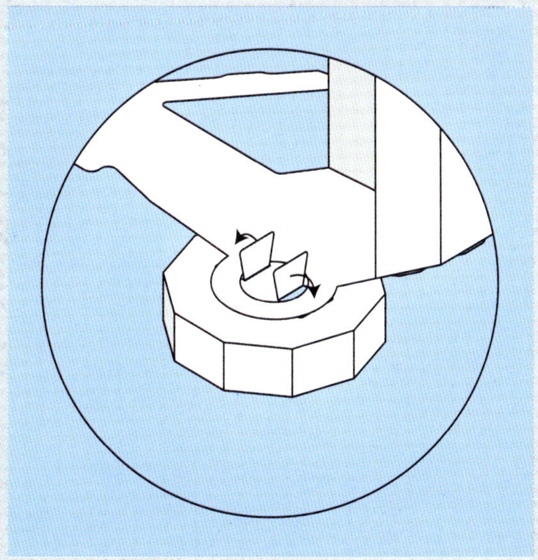

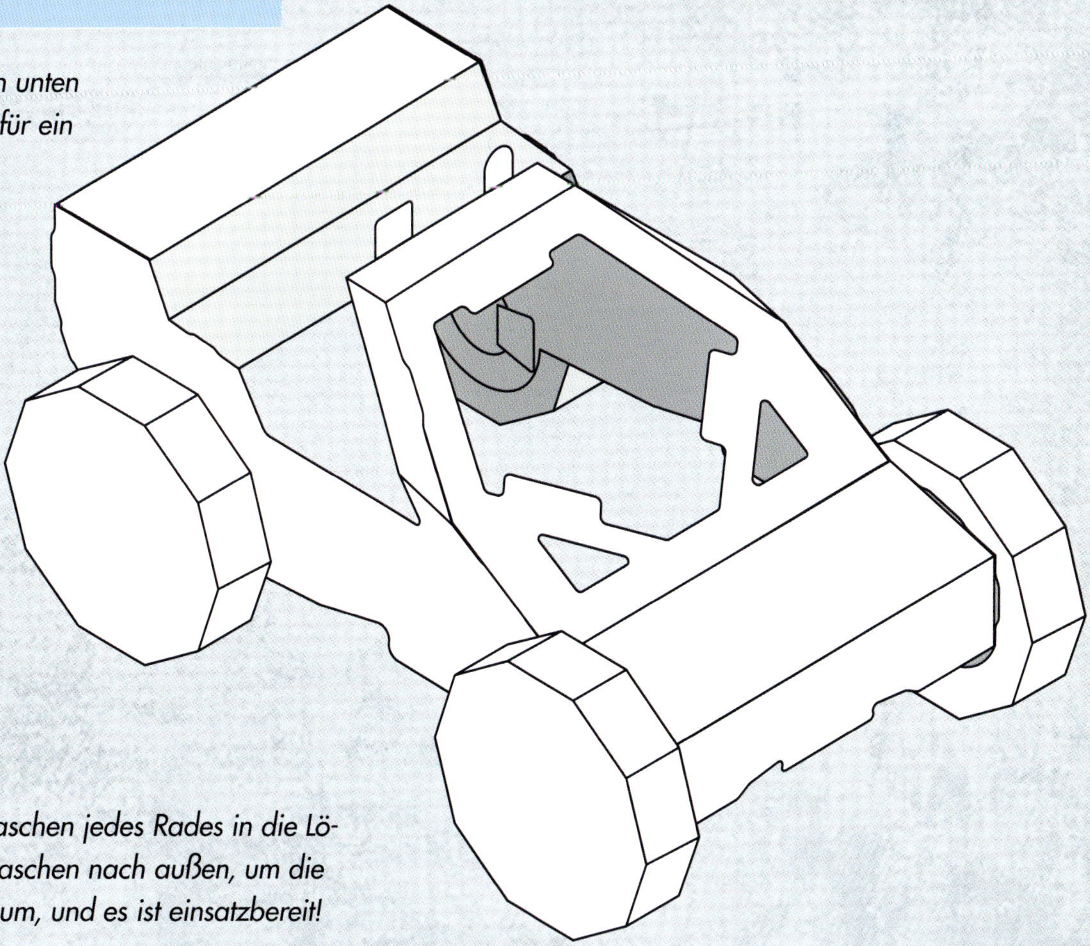

5 *Wende den Rover-Körper. Stecke die mittleren Laschen jedes Rades in die Löcher an der Unterseite des Rovers. Schiebe die Laschen nach außen, um die Räder zu befestigen. Drehe dein Modell wieder um, und es ist einsatzbereit!*

MACHE EWIGES EIS

Tiefe Mondkrater enthalten Eispfropfen, die Hunderte Millionen Jahre alt sind! Warum gibt es sie noch, wenn der Rest der Mondoberfläche völlig trocken ist? Führe dieses Experiment durch, um es herauszufinden!

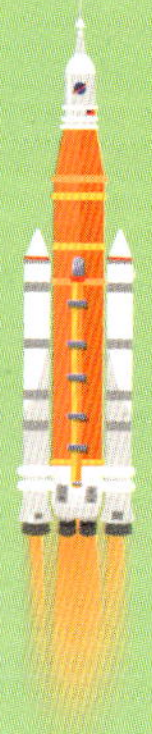

Du benötigst:

- **4 kleine Teller in der gleichen Größe**
- **Viele Eiswürfel**
- **Wattebäusche**
- **Blumenerde**
- **Eine Stoppuhr**

1. *Lege zwei bis drei Eiswürfel auf jeden der vier Teller.*

2. *Bedecke einen der vier Teller mit Wattebäuschen.*

3. *Bestäube die Eiswürfel auf einem Teller mit einer dünnen Schicht Blumenerde.*

4. *Stelle einen der unbedeckten Teller an einen sonnigen Platz und die anderen drei in den Schatten.*

5. *Starte die Stoppuhr und überprüfe jede Minute die Teller. Schmelzen die Eiswürfel auf allen Tellern gleich schnell oder unterschiedlich?*

FAZIT

Die Wärme der Sonne lässt das Eis an der sonnigen Stelle schneller schmelzen als das im Schatten. Das Eis, das mit einer dünnen Erdschicht bedeckt ist, ist von der Hitze abgeschirmt und schmilzt daher etwas langsamer. Das Eis, das mit Wattebäuschchen bedeckt ist, ist noch besser vor der Hitze geschützt (isoliert), sodass es wahrscheinlich viel länger fest bleibt. Auf dem Mond befindet sich das Eis in tiefen Kratern in der Nähe der Pole, die vor direktem Sonnenlicht geschützt sind. In einigen Kratern ist das Eis auch mit Staubschichten von früheren Asteroideneinschlägen bedeckt, die einen zusätzlichen Schutz bieten. Unterirdisches Eis schmilzt noch seltener, und die Wissenschaftler glauben, dass es zum Beispiel auf dem Mars große unterirdische Eisvorkommen gibt.

ZUM MARS UND DARÜBER HINAUS

Die Artemis-III-Mission zum Mond ist ein weiterer Schritt in unserer Erforschung des **Sonnensystems**. Nächste Ziele sind bemannte Missionen zu Asteroiden, zum Mars und zu den Monden von Jupiter und Saturn.

MISSION ZUM MARS

Der Mars ähnelt der Erde in vielerlei Hinsicht: Er hat Jahreszeiten, Eis und eine ähnliche Tageslänge. Aber es gibt dort extreme Temperaturen und keinen Sauerstoff. Es wird etwa neun Monate dauern, um den Mars zu erreichen. Die Astronauten müssen also Treibstoff, Vorräte und 3D-Drucker mitbringen, um eine Basis zu errichten.

LANDUNG AUF ASTEROIDEN

Asteroiden sind Gesteinsbrocken, die sich mit bis zu 18 Kilometern pro Sekunde fortbewegen. Um auf einem Asteroiden zu landen, müsste ein Raumfahrzeug sich dem Asteroiden nähern und Harpunen auf der Oberfläche abwerfen. Dann könnten Astronauten und Lander herabgelassen werden, um den Asteroiden zu erkunden.

MONDMISSIONEN

Unbemannte Missionen zu Saturns Mond Enceladus und Jupiters Mond Europa haben gezeigt, dass beide Wassereis enthalten. Möglicherweise existiert dort sogar primitives Leben. Geplante bemannte Missionen sollen erkunden, ob diese Monde für die menschliche Besiedlung geeignet sind.

ZUKUNFT AUF DER VENUS

Die Venus ist ein extrem heißer Planet mit Oberflächentemperaturen, die Blei schmelzen können. Doch die obere Atmosphäre enthält etwa 20 Prozent Sauerstoff und 70 Prozent Stickstoff, ähnlich wie auf der Erde. Es könnte daher möglich sein, in einer Wolkenstadt oder auf einer schwebenden Basis zu leben, die den Planeten umkreist.

GLOSSAR

Andocken
Wenn ein Raumschiff sich im All mit einem anderen verbindet.

Äquator
Eine gedachte Linie um die Mitte eines Planeten oder Mondes.

Asteroid
Ein kleiner Felskörper, der die Sonne umkreist.

Atmosphäre
Die Gasschicht, die einen Planeten oder Mond umgibt.

Atom
Die kleinsten Bausteine der Materie, aus denen alles besteht.

Biodom
Ein von Menschen geschaffenes, abgeschlossenes Ökosystem, das Leben darin durch die Wiederverwertung von Wasser, Abfall und Nahrung unterstützt.

Gelände
Die physikalischen Merkmale eines Landbereichs. Zum Beispiel hat der Mars ein felsiges und sandiges Gelände.

Kohlendioxid
Ein Gas in der Luft, das von Pflanzen zur Energiegewinnung genutzt wird, aber in großen Mengen für Menschen schädlich ist.

Kommandant
Die Person, die ein Raumschiff und dessen Besatzung während einer Mission leitet.

Krater
Eine Vertiefung im Boden, die entsteht, wenn Objekte wie Asteroiden auf die Oberfläche treffen.

Lava
Geschmolzenes (sehr heißes) Gestein, das aus einem Vulkan ausgetreten ist.

Lichtverschmutzung
Die Aufhellung des Nachthimmels durch künstliches Licht, z. B. aus Städten. Lichtverschmutzung erschwert die Beobachtung des Nachthimmels von der Erde aus.

Lunar
Etwas, das mit dem Mond zu tun hat.

Magma
Heißes, geschmolzenes Gestein unter der Erdkruste.

Mission
Eine bestimmte Aufgabe, die Menschen oder Raumschiffe erfüllen, z. B. Forschung oder Erkundung, die normalerweise eine Reise an einen bestimmten Ort, wie den Mond oder den Mars umfasst.

Mond
Ein natürlicher Satellit, der einen Planeten umkreist.

Mondlandefähre
Ein Raumschiff, das darauf ausgelegt ist, auf der Mondoberfläche zu landen.

Mondspaziergang
Wenn Astronauten auf der Oberfläche des Mondes gehen, um Forschung zu betreiben und Proben zu sammeln.

Planet
Ein großes, rundes Objekt, das einen Stern umkreist.

Prototyp
Die erste Version von etwas, wie z. B. einem Raumschiff, die Ingenieure verwenden, um es zu entwickeln und zu verbessern.

Sauerstoff
Ein Gas in der Luft, das Menschen und andere Tiere zum Überleben brauchen.

Schwerkraft
Eine unsichtbare Kraft, die Objekte zueinander zieht.

Schub
Eine sehr starke Druckkraft.

Solar
Bezieht sich auf die Sonne.

Sonnensystem
Eine Gruppe von Planeten, Asteroiden, Kometen und Monden, die einen Stern umkreisen.

Strahlung
Wärmeenergie, die von einem Objekt auf ein anderes übergeht, ohne dass sie sich berühren; Energie, die als elektromagnetische Wellen freigesetzt wird.

Umlauf
Die vollständige Umrundung eines Objekts um einen Planeten oder Mond.

Umlaufbahn (Orbit)
Der Weg eines Planeten, Mondes oder Raumschiffs um einen anderen Körper.

Universum
Der gesamte Raum, die Materie und die Energie, die existieren.

Uran
Ein radioaktives Metall, das als Brennstoff für die Kernspaltung verwendet wird.

Wasserdampf
Wasser in seiner gasförmigen Form.

Wasserstoff
Ein Gas, das explodiert, wenn es mit Sauerstoff reagiert. Es ist eines der Treibstoffe, die zum Antrieb von Raketen verwendet werden.

Zentrifugalkraft
Eine „schiebende" Kraft, bei der ein Objekt versucht, sich vom Zentrum eines Körpers zu entfernen.

INDEX